专家田间会诊丛书

图说油菜

生长异常及诊治

胡立勇　蔡俊松　徐正华　程　泰◎著

U0380889

中国农业出版社

北京

前 言 FOREWORD

　　油菜是世界上重要的油料作物之一，也是我国大宗油料作物，其种植对于中国食用油供给安全有重要意义。

　　作者长期从事油菜科研工作，在油菜生产上经常看到油菜生长异常表现，农民朋友经常询问的热点问题也是油菜的异常情况。为了方便农民朋友正确辨认油菜的异常生长症状，科学诊断发生原因并及时采取正确预防措施，最大限度地减少油菜生长异常所造成的损失，笔者在多年的科研与生产实践中着重搜集了生产上油菜生长异常的典型案例，通过图文并茂的方式，分别描述了油菜异常生长症状表现、发生的原因、诊断的方法和预防生长异常措施等。

　　《图说油菜生长异常及诊治》共65个问题，每个问题均对识别特征、发生规律、预防或防治措施进行了介绍，同时配有彩色形态特征图片。书稿前29个问题主要是以田间管理措施不合理、营养供给过量与缺素等造成的不良生长为主，如油菜

红叶、高脚苗、瘦弱、旺长、花而不实等；第30～40个问题以灾害性天气、土壤污染等恶劣环境造成的逆境生长与毒害为主，如萎蔫、枯黄、损伤、倒伏等；第41～47个问题为除草剂的非正确使用造成的延缓生长与伤害，如矮小、皱缩、黄化与白化、干枯等；第48～65个问题主要以真菌、细菌、病毒和害虫引起的油菜生长异常与危害为主，如叶片斑点、根腐、白秆、死苗、植株矮化等。《图说油菜生长异常及诊治》力求文字简洁明了、通俗易懂，图片直观有代表性，可供基层农技推广人员、农资经营者、油菜种植大户和广大农民参考使用。

著　者

2018年8月

目 录 CONTENTS

1. 油菜出苗缺株断垄

表现症状：油菜播种出苗后，田间出现不规律的缺苗现象，或成段成行的缺苗现象。

发生原因：①种子中含有较多的秕粒、病虫粒、发霉粒、破籽，或种子存放时间过长活力低。②土壤板结或盐碱重（图1-1），地面高低不平导致田间局部干旱或渍水（图1-2），田间大坷垃多使种子分布条件不一致，或落入大孔及缝隙中（图1-3，图1-4）。③田间播种不均匀或深浅不一致（图1-5），播后覆土和秸秆太厚、不均匀等。④除草剂选择不当、用量过大或喷施时间不对。

图1-1　土壤板结不透气造成幼苗生　图1-2　田面不平造成土壤水分及出苗
　　　　长障碍　　　　　　　　　　　　　　　差异大

图1-3　土块太多造成播种质量差、不均匀

图1-4 大土块缝隙造成幼苗出土 图1-5 播种与水分管理不匀造成严重缺苗
生长障碍

诊断方法：大田缺苗率大于10%可能导致减产。

预防措施：①选择优良品种。在合法种子经营单位（者）购买种子，播前筛选去除破碎种子，选择颗粒饱满、个体较大的种子种植。②播种前做发芽出苗试验。准备好直径9厘米的小盘或发芽盒，将卫生纸剪成相应的圆片，然后用凉开水浸泡湿润后，放置于盘内，温度宜控制在20～25℃，在4天时间内观察种子发芽出苗情况。杂交种子发芽率应不低于80%，常规种子发芽率不低于90%。③妥善进行种子处理。播前晒种2～3天，以提高种子活性，增强种子抗性。可采用50～54℃温水浸种20分钟杀死种子表面和潜伏在种子内部的病菌，晾干后播种。④掌握适宜的整地与灌水技术。直播大田整地应达到土粒细碎，无大土块，不留大空隙，土粒均匀疏松，田面平整（图1-6）。天旱墒情不好时最好先灌水后整地，避免播后灌水或浇水使土层板结，出苗不整齐，甚至死苗缺棵。⑤保证播种质量。采用人工开沟或机械条播，保证均匀播种。播种深度1.0厘米左右，或播后结合开沟与清沟在播种沟或厢面盖土1厘米左右。⑥正确使用除草剂。播前5～7天采用草甘膦封闭除草，播后苗前采用敌草胺或都尔。

图1-6 田面平整土粒细碎利于出苗

2. 油菜出苗很慢或不出苗

表现症状：在土壤条件适宜、水分充足的条件下，种子萌发出苗时间超过5天，出苗率低、甚至不出苗。幼苗生长缓慢，植株个体小，抗寒能力差（图2-1，右）。

发生原因：油菜播种太迟，平均气温低于20℃。

诊断方法：长江流域10月下旬气温逐渐降低。气温如低于10℃出苗则需要15天以上，5℃下则需20天以上。出苗

图2-1　10～15℃低温下油菜萌发出苗慢、幼苗小
（左为20～25℃，右为10～15℃）

率也随之降低，幼苗生长缓慢。

预防措施：①长江中游油菜直播栽培播种时间不宜晚于11月初，因此前茬应尽量实现10月中旬收获。②选用春性较强的早熟品种及低温萌发能力强的油菜品种。宜选用可迟播早发、冬前生长快、春后花期整齐的早熟或早中熟油菜品种，如圣光127、沣油730等。选用低温下萌发能力强的品种如沣油823、华油杂62、圣光127、华油杂13号、华油杂9号等（图2-2）。③进行种子处理促进低温萌发。采用50～54℃温水浸种20分钟可促进萌发。采用千斤顶（药种比为1∶40）进行拌种包衣，晾干后播种，或采用2.5毫克／升水杨酸或者50微摩尔／

图2-2　油菜耐寒品种在10～15℃萌发率仍很高
（上左为耐寒品种，下中为特别不耐寒品种）

图2-3　有机质覆盖利于保温出苗

升硝普钠浸种12小时可诱导冬油菜抗寒性，提高发芽出苗率。④采用秸秆覆盖有利于保持地温并促进萌发与生长。每亩*用200～300千克碎稻草铺盖行间弥合土缝，起到保墒、保温与防寒作用（图2-3，图2-4）。

图2-4　适当的秸秆覆盖有利于保温出苗

3. 油菜播种后烧种烧苗

表现症状：油菜萌发慢，出土幼苗矮小、瘦弱、苗色发黄发紫或出现根系局部萎缩、枯死、坏死等症状，种芽枯死或幼苗生长异常（图3-1，图3-2，图3-3）。

＊　亩为非法定计量单位，1亩≈667米²，余同。——编者注

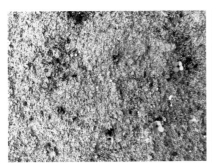

图 3-1   施用未腐熟饼肥造成烧种

图 3-2   正常出苗的幼苗

发生原因：①使用具有腐蚀、毒害作用的化肥作种肥。如碳酸氢铵具有挥发性和腐蚀性，易熏伤种子和幼苗；过磷酸钙含有游离态的硫酸和磷酸，对种子发芽和幼苗生长会造成伤害；尿素施用后生成缩二酸的含量若超过20％，对

图 3-3   大块肥料造成烧苗

种子和幼苗就会产生毒害；氯化钾等含有氯离子的化肥，施入土壤后会产生水溶性氯化物，硝酸铵、硝酸钾等肥料所含的硝酸根离子，对种子发芽有毒害作用。②使用未腐熟的有机肥作种肥。未腐熟的厩肥、人粪尿、饼肥等有机肥做种肥，施入土壤后在发酵过程中会释放大量热能伤害根系，或释放氨气灼伤幼苗。③施用了太多种肥或与种子混播。种肥施用量达到40～50千克／亩，或种肥施用量不大但将种子与肥料混播在一起，种子因无法吸收足够的水分而不能正常萌发，时间稍长后种子则慢慢腐烂；或种子虽然能够正常吸水和萌发，但幼嫩的胚根在下扎时遇到高浓度肥区，种子根被肥料"烧"坏，出现黑褐色坏死斑或根系萎缩，致使幼芽在出土过程中便枯死；或幼苗根系吸收水分和养分的能力下降，地上部幼苗生长发育迟缓。

诊断方法：在种子质量好，土壤、温度与水分适宜的条件下，出现种子缓慢萌发、或不能正常萌发，幼苗生长异常与死苗的现象。

预防措施：①选用颗粒状肥料作种肥，如氮磷钾复合肥、磷酸二铵等。这种类型的肥料流动性较强，更适合于随播种机播施，而且肥料施用均匀。②宜选用硫酸铵、磷酸二铵等作种肥。若只有尿素作种肥，一般每亩用量应控制在2.5千克以内。③有机肥需经过堆沤高温发酵、充分腐熟后才能作种肥。④控制种肥的施用量。一般以每亩施用15～20千克氮磷钾复合肥为宜。趁墒播种时更要严格控制种肥施用量。若种肥施用量较大，最好浇一次"蒙头水"，以起到"稀释"种肥的作用。⑤种肥一定要与种子分开施用，而且要深施。种肥行与种子行横向间隔不应少于5厘米，最好是能施在种子行的下方或侧下方。

4. 油菜高脚苗

表现症状：高脚苗即主茎基部过度伸长的幼苗，是油菜最常见的异常苗（图4-1，图4-2，图4-3，图4-4），通常细长、瘦弱不健壮。高脚苗容易受病害感染，弯曲易倒伏、易落叶而使根颈部暴露。

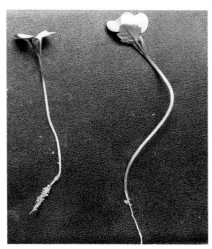

图4-1　下胚轴伸长的高脚苗

图4-2　土块缝隙中的高脚苗

图4-3　播量大的高脚苗　　　　　图4-4　光照弱的高弯脚苗

一旦遇上寒流，其主茎极易冻空开裂，甚至冻死。

　　发生原因：播种时高温、肥水过多；或播种量过大落籽不匀，间苗不及时；移栽苗龄过长等。早中熟品种尤为严重。高脚苗导致植株细长分枝少，难以获得高产。

　　诊断方法：油菜有两种高脚苗，一种是下胚轴过度伸长超过2厘米的高脚苗（图4-1）；另一种是主茎节间缩茎段（即基部圆滑无棱的部分）伸长达到7厘米以上的高脚苗（图4-5，图4-6）。

图4-5　苗龄过长移栽、缩茎段伸长的高脚苗　　图4-6　肥水过量缩茎段伸长的高脚苗

预防措施：①避免过早在高温季节播种。②播种时做好稀播匀播，出苗后早间苗定苗，避免出现苗挤苗的情况。③在幼苗3叶期左右喷施一次100毫克／千克的多效唑溶液，促进幼苗矮壮。④如果已经形成高脚苗，直播田在定苗时应进行培土，移栽田应适当深耕斜栽，并加强管理，促使下胚轴再发不定根。

5. 油菜僵苗

表现症状：僵苗又叫矮脚苗。这种苗生长缓慢或停滞，营养生长差，个体发育不良。缩茎短、根颈细。叶数少、叶片短小狭窄，叶色往往发红、光合作用弱，严重者出现烂根死苗现象。轻度僵苗表现出叶速度缓慢；中度僵苗表现生长停滞；重度僵苗表现植株萎缩甚至死亡，即使不死，开春后返青慢，早薹早花，枝少、角小、粒轻，减产3%～5%。

发生原因：土壤渍水僵板、干旱、低温、缺肥、弱苗移栽等。

诊断方法：油菜苗期至蕾薹期均有发生，以3～5叶期发生严重。越冬前幼苗生长缓慢或停止生长，叶面积系数0.8以下。

（1）渍害僵苗　由于持续阴雨天气、地势低洼湿重、排水不良或厢宽沟浅等原因，使土壤长期处于潮湿状态，地里板结不透气，根毛或根系腐烂，茎基部叶片枯黄、心叶不平展，上部叶片的叶尖出现萎蔫现象（图5-1）。

（2）干旱僵苗　根系正常，上部分枝叶症状同渍害僵苗相似。

（3）低温僵苗　播种或移栽过迟的油菜，因日均气温在10℃以下，根系生长弱，新根发生少，肥水吸收不足，形成红叶或黄叶（图5-2）。

（4）缺肥僵苗　①初期油菜叶出现紫红色斑点，进而扩展成红叶，严重时叶片由下而上枯黄脱落的，缺氮（图5-3）。②叶色暗绿无光泽，后变暗紫色，叶脉、叶片呈紫红的，缺磷。

（5）劣秧僵苗　移栽油菜由于苗床播种密度大、间苗不及时或秧龄过长，移栽时多半成高脚苗、带薹苗，绿叶数少，栽后难以生长（图5-4）。

（6）湿栽僵苗　土湿泥烂或雨时移栽，土壤板结不透气，油菜根系发育受阻，叶片瘦薄呈红色或黄色，心叶卷缩无力。

（7）病虫害引起的僵苗　常见的是蚜虫严重危害，植株萎缩，并由此诱发病毒病危害。

预防措施：参照旱渍、低温、缺肥、蚜虫等防治方法。①培育壮苗。移栽苗应根据品种特性适期播种，保证苗龄适宜。甘蓝型油菜晚熟品种苗龄40～45天为宜，早中熟品种苗龄35～40天为宜。

图5-1　油菜渍害僵苗

图5-2　油菜低温僵苗

图5-3　油菜缺肥僵苗

图5-4　油菜劣秧湿栽僵苗

②促弱苗生长。中耕培土，每亩壅施750 ~ 1 000千克土杂肥或猪尿粪，混合草木灰250千克，避免根颈外露，同时每亩用尿素0.5千克、磷酸二氢钾150克，兑水50千克，叶面喷施，促幼苗生长与发根。

6. 油菜畸形苗

表现症状：油菜畸形苗是指植株矮小、形态怪异，叶片出现皱缩、卷曲等现象的幼苗。

发生原因：油菜缺硼，或草除灵、草长灭等除草剂药害，或蚜虫、菜蛾等虫害及病毒病危害都可能造成畸形苗。

诊断方法：①缺硼畸形苗。生长停滞，烂根枯心；根茎肿胀，根系发育不良，表皮为褐色，根颈膨大龟裂；叶片小而肥厚，凹凸不平萎缩状，叶缘向外卷缩，呈紫红色，最后枯黄脱落，心叶呈黄褐色（图6-1）。②除草剂药害畸形苗。叶片变白或黄色；叶片卷缩或边缘向上翻，叶脉间的叶网隆起、叶脉变粗变白、表面粗糙等（图6-2）。③病虫害畸形苗。油菜叶片出现皱缩下卷，叶色发暗，或发红、发紫、发黄或花叶，心叶不展开（图6-3、图6-4）。

图6-1　油菜缺硼

图6-2　油菜草长灭药害

图6-3　油菜病毒病危害

图6-4　油菜蚜虫危害

预防措施：缺硼僵苗每亩可用硼砂(或硼酸)150克，兑水40～50千克，均匀喷施叶面2～3次。其他畸形苗可按照除草剂药害、病毒病、蚜虫等病虫害防治方法进行防治。

7. 油菜徒长苗

表现症状：也称旺长苗。苗过大，绿叶数比较多，但是叶柄很长，叶片大而薄，叶色淡。植株含水量高，根系相对而言不发达，缩茎段伸长；叶片内氮素比较高，碳素水平比较低，养分积累少，组织柔嫩，抗逆性差。旺长苗移栽后，叶片常常大量脱落、返青慢、发苗迟，容易受冻。

发生原因：多在高温、高湿、高肥、高密条件下发生。

诊断方法：①温度过高。在9月中旬以前过早播种，气温尤其是夜间温度过高，幼苗会因为呼吸作用加剧消耗过多的光合产物和养分，引起徒长。②氮肥过多。在幼苗期追施氮肥过多或者次数过勤，易引发徒长（图7-1）。③水分过多。土壤水分过多，氧气减少，使根系的活力降低，如果此时再遇到较高的气温极易徒长。④播种

图7-1　施氮过多徒长苗

过密。播种量过多，或者播种量合适但播种不均匀，造成局部面积内播种过密，幼苗间相互争抢光照、水分、空气，也会诱发徒长（图7-2）。⑤移苗不及时。育苗苗床密度一般较高于大田，如不及时移苗易发生徒长。徒长苗移栽到大田后，叶片往往大量枯萎，返青慢、发苗迟，容易受冻，不利于冬壮春发。

图7-2　密度过大徒长苗

　　预防措施：①直播适期播种，移栽苗适龄移栽。②均匀播种并及时间苗、定苗。播种密度不宜太大，如果是直播种植要尽量做到播种均匀。③基肥或种肥注意氮、磷、钾配合施用，控制氮肥用量。④注意排水防湿。田间开好三沟，避免渍水并及时疏松土壤。⑤使用生长调节剂进行调控。对有旺长趋势的幼苗，在3～4叶期使用100～300毫克/千克的矮壮素或者150～200毫克/千克的多效唑喷雾。

8. 油菜瘦弱苗

　　表现症状：瘦弱苗也称荫脚苗。长势瘦弱、根颈细，叶片小，叶绿素少，叶柄细长，积累的干物质少，生命力不强（图8-1，图8-2）。移栽后叶片大量干枯脱落，发苗慢，如遇干旱或寒流，往往死苗较多。

图8-1　播种及土壤肥力不匀形成部分瘦弱苗

发生原因：种子质量差，播种过迟，或幼苗个体生长发育的土壤、温度、水分、养分等环境条件不良。

诊断方法：整地质量不好，田间土块大空隙多，幼苗扎根吸水、出土生长困难。直播或苗床播种不匀，在出苗不齐的情况下，有些种子晚出苗，受早苗、大苗的荫蔽，长势差，苗瘦弱。土壤瘠薄，底肥不足、施肥不匀、或苗床提苗肥施用过迟，肥水供应严重不足。

图8-2　边行缺肥形成弱苗

预防措施：①保证种子质量，特别是种子整齐度要高。②争取适当早播，并提高整地质量，尽量做到播种均匀，出苗条件一致。③适当控制播种量，适时早间苗早定苗。④注意合理施肥，及时补充生长所需养分。大田底肥不足及苗床生长期肥水供应严重不足形成的弱苗，要及时叶面喷肥，或土壤追肥、促苗快发。

9. 油菜红叶

表现症状：在苗期阶段的长柄叶、短柄叶上出现红叶，一般较老的叶片先发红，而后延及新叶。如不及时管理防止，叶片光合作用强度下降，产量大幅降低。

发生原因：营养失调，根系机能受阻，叶绿素的合成遭到破坏，在这一过程的初期，往往表现为叶内糖分过剩，随后由于花青素合成增加，叶色由绿变红。

诊断方法：①缺素。缺少氮、磷、钾、硫、硼等营养元素均会使油菜叶片出现发红症状。低温下缺氮叶缘红色或下部叶红色（图9-1）。轻度缺磷一般表现叶片深绿而有紫斑；严重缺磷叶片才会呈深紫红（图9-2）。缺钾叶片逐渐由黄色斑变成淡褐色枯斑，直至变成褐红色枯斑。缺硫叶背、叶脉和茎秆等部位变成紫红色。缺硼幼苗叶片皱缩不平，叶缘至整个叶片变成紫色或紫红色（图9-3）。②低温冻害。越冬期随气温下降，油菜叶片逐渐略带紫红色（图9-4）。如气温骤降至0℃以下，油菜叶片受冻会变紫红色（图9-5）。③干旱。油菜在低温下遇旱会使植株矮小，叶片变成淡红色

图9-1　油菜缺氮　　　图9-2　油菜缺磷　　　图9-3　油菜缺硼

（图9-6）。④渍涝。渍水伤根僵苗，叶色变为暗红色，严重者烂根死苗（图9-7）。

　　预防措施：见干旱、渍涝、低温及不同营养元素缺乏防治。

图9-4　油菜低温危害　　　　　图9-5　油菜低温冻害

图9-6　油菜低温干旱　　　　　图9-7　油菜渍水危害

10. 油菜黄叶

表现症状：油菜在非衰老时期出现黄叶，如不能根据其变化原因及时管理防止，产量可能大幅度下降。

发生原因：缺素或处于逆境条件，使叶片叶绿素的合成遭到破坏，提前衰老甚至死亡。

诊断方法：①缺氮。油菜在较高温度下缺氮，由下部叶色开始渐成黄绿色或黄色，并逐渐扩大到叶脉，进而向上部叶片发展（图10-1）。②缺硫。与缺氮有所不同，缺硫是从幼嫩叶片开始发黄，而缺氮则是由老叶向新叶发展，二者不可混淆（图10-2，图10-1）。③缺钾。叶片变黄，叶缘枯焦，甚至整个叶片卷缩（图10-3）。④酸害。表现为新叶只黄不枯，而后脱落。⑤干旱。油菜遇旱，尤其在较高温度下遇旱会使植株萎蔫，叶片发黄干枯，直至整株干枯死亡（图10-4）。

图10-1　油菜缺氮　　　图10-2　油菜缺硫　　　图10-3　油菜缺钾

预防措施：缺氮可每亩增施碳酸氢铵15～20千克进行补救，也可用1%～2%尿素溶液叶面喷施。缺硫可结合中耕每亩施石膏粉10千克，促使叶色转变。酸害可每亩施石灰50千克、或草木灰50千克，中和土壤酸度，消除酸害。干旱、高温危害防治措施见本书相关内容。

图 10-4　油菜高温干旱

11. 油菜早薹早花

表现症状：油菜在越冬前或越冬期过早开始抽薹开花（图11-1）。早薹早花的油菜抗寒能力降低，会导致严重冻害发生，产量大幅下降，甚至没有收成。

发生原因：华南、西南、西北地区春性强的品种向北或向东引种到长江流域冬播，其发育明显加快，正常播期下易产生早薹早花现象。半冬性油菜品种过早播种也可能产生早薹早花现象。

诊断方法：冬油菜中极早熟、早熟品种，以及春油菜品种在15～20℃条件下，经历15～20天可开始花芽分化。甘蓝型油菜中熟和中晚熟品种在5～15℃温度条件下，经历20～30天可进入花芽分化。长江中下游在10月1日以前直播春性较强的早熟品种，在9月15日以前直播半冬性中熟品种，如秋季气温偏高，有可能在11月至翌年1月期间提前抽薹开花（图11-1，图11-2）。

预防措施：①合理进行品种布局。长江流域两熟制地区可种植对低温要求较严格，苗期生长较慢的偏冬性品种；而三熟制地区则

图11-1　早熟品种9月15日播种于12月早花

图11-2　早熟品种10月1日播种于1月早花

应种植能迟播早收，苗期生长较快的半冬性或偏春性品种。这样既可满足茬口要求，又能充分利用生长季节，最大限度地实现油菜丰产。②合理安排播种期与种植密度。冬性强的晚熟品种应适时早播，延长其生育期，促进其营养生长更加旺盛，以利搭好丰产架子。春性强早熟的品种适当迟播，各项田间管理措施应适当提前进行，以免造成营养生长不足而产量不高。如来自青海的青杂7号在武汉种植，在9月15日至10月1日期间播种早薹早花严重，花期可长达100

天，冬季低温时冻害较重，花朵角果发育不良，产量大幅降低。但在10月15以后播种能够正常开花结实，加大密度可获得较好产量（图11-3，图11-4）。③对年前出现早薹早花的油菜，可在冰冻雨雪前摘薹菜用。

图11-3　早熟品种10月15日播种1月底抽薹

图11-4　早熟品种10月30日播种正常生长

注：图11-3和图11-4为青海省油菜春性品种青杂7号不同播种期在武汉的生长表现，2012年1月29日拍摄。

12. 抽薹期油菜薹茎裂口

表现症状：长江流域油菜在春季气温回升时发生薹茎裂口。

发生原因：春季油菜处于茎段快速抽薹生长期，此时如遇寒潮气温陡降又快速恢复的天气，叶片受冻披垂后可快速恢复；茎表皮细胞受冻则不同，轻度裂口能够恢复，但重度裂口深至茎内部，由于薹茎细胞含水量高，地表土壤含水量适中，地下土温上传快，因此低温对根系影响小，茎的增粗生长还在继续，随着茎内光合产物的不断充实积累，裂口渐渐被迫张开，造成茎段膨大，随着压力的增加和时间的延续，最后使有的膨大茎段变成扁平状。

图 12-1 油菜春季裂茎

诊断方法：春季气温回升的2、3月，长势好的油菜主茎中下部，或少部分油菜的基部叶柄出现裂口（图12-1）。早熟品种比晚熟品种的茎裂口发生率高，长势旺、年前已进入薹期的田块发生率高。

预防措施：①选用良种。长江流域宜选用半冬性品种，提早播种避免使用偏春性的早熟品种。②适期播种。半冬性品种直播一般在9月底至10月中旬播种为宜。③激素调控。遇暖冬年，对播种早、长势偏旺、冬前提前抽薹的田块，每亩用15%多效唑40～50克、兑水50千克均匀喷雾，控制地上部生长，促进植株矮壮。④防治菌核病。薹茎裂口后更利于病菌侵入危害，增加了油菜菌核病重发的概率。在油菜初花期，即油菜主茎80%开花，进行第一次喷药防治，隔5～7天再用药一次。

13. 油菜开花期延长、出现返花（次生花）

表现症状：油菜终花期以后在一次分枝上又发生分枝，再次出现开花的现象。

　　发生原因：种植易返花的品种、发生倒伏、施肥不当、硼肥不足等。

　　诊断方法：分枝能力越强的品种越容易出现返花。严重倒伏后油菜容易出现返花（图13-1）。有机肥、钾肥施用太少，氮肥施用太重或太迟，致使油菜在生长过程中出现营养过剩，茎秆幼嫩，抗倒性变差，容易出现倒伏返花（图13-2）。硼肥不足、硼氮比例失调易造成花而不实，诱发返花（图13-3）。

图13-1　油菜倒伏返花

图13-2　油菜高氮返花

图13-3　油菜缺硼返花

预防措施：①选择抗倒伏品种。②培育壮苗。培育壮苗可提高植株的整体素质，增强其抗逆和抗倒性。③合理密植。适当密植可使植株间相互支撑，并能抑制潜伏芽的萌发，减少分枝。④科学管水。越冬前做好中耕除草培土工作，春后做好清沟沥水工作，促根系发育，提高其代谢功能，增强抗倒性和抗病性。⑤科学施肥。控氮增磷、钾、硼和有机肥。

14. 油菜倒伏

表现症状：油菜终花后至角果大小基本定型期间常发生倒伏折断（图14-1，图14-2），倒伏轻者可使油菜减产10%～30%，程度严重者减产可达50%以上，而且使菜籽含油量下降10%～30%。另外，油菜倒伏造成机械化收割困难，收获指数下降，劳力投入增加，经济效益降低。

发生原因：恶劣的气候条件如暴风雨是引起倒伏的首要原因。其次采用不抗倒的品种，植株扎根不深、密度不合理、肥水不当，以及病虫发生均会加重倒伏。油菜倒伏可划分为茎倒（折）、根倒和根茎复合倒伏三种类型。茎倒主要是在表层土壤紧实的情况下，发生暴风雨引起，也可能由病虫害引发。根倒主要是在地表湿润、土壤疏松的情况下，根部倾斜而产生的歪倒。根茎复合倒伏的发生原因比较复杂，是多因素共同作用的结果。

图 14-1　角果前期高氮油菜遇大风引起倒伏

图 14-2　角果后期油菜遇大风引起倒伏

　　诊断方法：①品种不抗倒。根系不发达、植株高大、分枝发达，茎秆细弱、韧性不足的品种容易发生倒伏。②移栽过浅、培土不够。造成根系分布过浅而倒伏。③种植密度与方式不合理。密度过大，株行距过小，田间通风透光不良，造成茎秆细弱，节间拉长，导致植株高而不壮，遇见较大风雨则发生倒伏。④肥水管理不当。重氮肥轻钾肥，造成钾肥缺乏，或大水大肥、田间排水不畅等造成茎秆机械组织不发达，植株上部人重，给后期倒伏造成潜在威胁。⑤菌核病使茎秆受害。

　　预防措施：①选用抗倒性强的品种，注意合理密植。②移栽取苗时应注意保留一定长度的主根，栽植深度适宜。③开好深沟，降低地下水位，搞好中耕松土、培土培根等。④科学施肥。施足底肥和种肥，追施氮肥重点在苗后期。⑤防治病虫害的发生。

15. 油菜花蕾脱落与分段结实

　　表现症状：油菜花期如遇到低温、高温、阴雨或缺硼等不利条件，易出现花序上部分花蕾尚未开放即黄化脱落（图15-1），造成单株有效角果数及产量下降。

　　发生原因：出现不适宜开花结实的温度、水分条件，或养分供应不良。

　　诊断方法：①低温。甘蓝型油菜开花的适宜温度范围为12～20℃，最适温度为14～18℃。开花期如遇5℃以下低温则不开花。遇到0℃或以下低温时，正开放的花朵大量脱落，从而在花序轴上出现一段结角正常、一段花蕾脱落的分段结实现象（图15-2）。油菜发生严重分段结实减产可达10%～15%。②高温及干旱。当气温升到30℃以上或发生干旱时，油菜开花受精受阻，花朵结实不良并脱落。③连阴雨。油菜集中开花时湿度过高（相对湿度超过95%），对油菜授粉非常不利，会造成油菜花蕾脱落。④养分供应不当。缺硼会造成花而不实并脱落；施氮过多，植株体内氮素含量偏高，营养生长过旺，也会造成花果脱落。

　　预防措施：①注意增施硼肥。在基施硼肥的基础上，花期酌

图 15-1　低温阴雨造成花蕾脱落

图 15-2　油菜分段结实

情喷施硼肥。硼是油菜生长发育不可缺少的营养元素，用 0.02%～0.1% 的硼酸溶液或 0.1%～0.25% 的硼砂溶液进行叶面喷洒，每亩喷 50～75 千克，在初花期和盛花期连喷 2～3 次，可缓解油菜因缺硼而造成的花而不实现象。②花期放蜂。油菜异花授粉率较高，且花期长、花量多，放养蜜蜂能提高产量。③人工授粉。在油菜盛花期，选择微风天气，两个人用竹竿或软绳在油菜花序上顺行轻轻拉过，进行辅助授粉。④注意田间灌溉与排水。及时补充空气与土壤水分，避免渍水。

16. 油菜阴角

表现症状：正在开花的花朵受精不良，形成不结籽或结籽很少的无效角果称为阴角。

发生原因：低温、荫蔽、倒伏、养分不足、病虫害。

诊断方法：①持续低温。冬油菜在春季常遇"倒春寒"袭击，如气温下降到10℃以下，油菜开花数明显减少，开花受精受阻，花粉活力下降影响胚珠正常发育；光合产物供应严重不足，蕾果脱落，阴角增多（图16-1）。②种植过密或倒伏。如果油菜种植密度过大，田间过早出现荫蔽，基部通风透光不良，茎秆柔嫩，后期早衰，导致阴角增多。如果发生后期倒伏，阴角现象会更加严重。③养分不足。油菜胚珠受精发育期养分供应不足，胚珠就会萎缩而造成阴角，或形成秕粒。如缺硼造成角果结实率降低（图16-2）。④病虫危害。油菜生长中后期，如果菌核病、霜霉病、白锈病等病害发生严重，使油菜正常的光合作用遭到破坏，养分制造供应不足，阴角令增加。油菜开花结实期，如果遭到潜叶蝇危害，叶片早枯，植株早衰，或者中后期蚜虫较多，大量从叶片上转移到花蕾部危害，都会造成阴角明显增加。

图16-1　油菜低温阴角

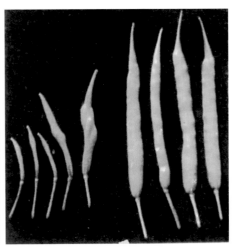

图16-2　油菜缺硼阴角（左）

　　预防措施：①选用抗病性强，耐春季低温、阴雨的优良品种。②根据当地气候条件适期播种移栽，尽量使油菜现蕾开花期避开持续阴雨与倒春寒。③培育壮苗，合理密植，防止中后期群体密度过大，通风透光不良。④施足底肥，配方施肥，避免偏施氮肥，冬春季节再看苗追肥，确保油菜年前壮苗越冬，年后早发稳长，后期生长稳健。⑤加强病虫害防治，确保油菜后期秆壮不倒，落色正常。

17. 播种后或收获前鸟雀危害

表现症状：播种后落入田间的种子，或下雪后露出的幼苗叶片会被鸟雀啄食（图17-1）。成熟期鸟类常撕裂角果皮，啄食鲜嫩的角果籽粒（图17-2），造成产量降低。

图17-1　油菜苗期被鸟啄食　　图17-2　油菜盛花期幼嫩角果被鸟啄食

发生原因：播种过晚且播后种子裸露易遭鸟雀啄食。冬季遇雪但未完全覆盖幼苗叶片，3～5叶期的小苗易遭鸟害。成熟期油菜田四周无其他谷类作物易遭鸟害。

预防措施：①人工赶鸟。花蕾期鸟害主要在初花期前后约20天时间集中发生，可以采用赶鸟、放鞭炮等驱散鸟群。②置物驱鸟。在园中放置假人、假鹰或在油菜地上空悬浮画有鹰、猫等图形的气球，可短期内防止害鸟入侵。也可悬挂反光条带驱鸟（图17-3）。③合理规划种植区域。尽量将双低油菜成片集中种植于平原地区。

图17-3　反光带防鸟

18. 油菜收获前裂角

　　表现症状：油菜角果在外力作用下开裂的现象称为裂角。生产上种植的甘蓝型油菜成熟时特别容易裂角，一般造成产量损失10%左右（图18-1）；当气候比较干热时，产量损失可高达50%（图18-2）。为了避免裂角，通常采用提前收获的方法，但提前收获又会使籽粒含油量下降，种子中叶绿素含量过高，影响食用油品质。

　　发生原因：①品种特性不同。不同类型油菜的角果抗裂能力不

图18-1　甘蓝型油菜裂角

图18-2　干热天气油菜裂角加重

同，甘蓝型油菜裂角落粒最为严重，芥菜型油菜次之，白菜型油菜较耐裂角落粒。②冠层结构不合理。在油菜冠层内，由于冠层的自然运动导致角果间碰撞，或与茎秆、分枝碰撞引起裂角。③油菜抗病虫能力差。油菜感病、遭遇虫害引起倒伏的植株，易裂角。

预防措施：①种植抗裂角能力强的品种。②合理密植，构建适宜的冠层结构。③注意油菜病虫害的防治。④用生长素的类似物处理，降低纤维素酶活性，延迟角果开裂。

19. 双低油菜种子混杂

表现症状：双低油菜种子中混杂了单高或双高油菜种子或其他十字花科作物的种子。造成双低油菜种子的品质下降，芥酸、硫苷含量上升。

发生原因：生物学混杂、机械混杂、稻生油菜混杂。

诊断方法：①生物学混杂。油菜的天然异交率很高，白菜型油菜为75%～85%；芥菜型油菜为10%以上，高的可达40%；甘蓝型油菜为10%～30%。双低油菜品种种植区域内，如果种植了双高普通油菜品种，开花期间会相互串粉，导致混杂。②机械混杂。在油菜生产过程中，如播种、清沟、脱粒、晒种、清选、贮藏、调运等环节中，如果不按规程操作或控制不严格，则很容易混杂普通油菜种子。③稻生油菜。又叫野油菜、自生油菜，是指在种过的普通油菜地里，次年秋冬季不经人工播种而自己生长出来的油菜植株（图19-1）。因为落在地里的油菜籽，可随土壤翻耕被翻至土内下层，由于空气不足，不能发芽，但是种子并没有死亡，秋、冬季整地时将土内下层的油菜籽翻到上层，当空气、水分等发芽条件具备时，油菜籽便发芽出苗，产生混杂。

预防措施：

（1）采取隔离措施防止生物学混杂　主要是防止虫媒和风媒传粉，包括空间、屏障、时间差、人工等方法。①空间隔离。一般要求双低优质油菜品种的种植区域与双高普通油菜品种以及白菜、菜薹、甘蓝等其他十字花科作物的种植区域应相隔800米以上。可在

图19-1　稻生油菜

平原地区以种子繁殖基地为中心，建立四周1 000 ～ 2 000米不种油菜和其他十字花科作物的隔离区。②屏障隔离。利用高大林带、天然山丘或湖泊，选择四面环山谷地，四面环水的小岛做繁种田最为适宜。也可利用不同作物种植区进行隔离。③时间差隔离。安排好播种时间，错开油菜与其他十字花科作物的开花季节，如冬油菜的春性型品种可在当年早春播种。④人工隔离，即利用工具阻止异种花粉侵入。此法适用于小量材料或单株繁殖与保纯。主要有以下4种：一是纸袋隔离（图19-2）；二是纱罩隔离；三是纱帐隔离；四是网室隔离，注意在室内放蜂辅助授粉。

（2）防止机械混杂　按品种按田块单收、单打、单晒、单藏，种子袋内外都要有注明品种名称的标识。

（3）采取措施防止稻生油菜混杂　实行水旱复种轮作是最彻底的防止措施。也可在油菜收获后立即灌水，促使落地种子发芽后，再翻耕种植夏季作物。或在秋收作物收获后，油菜播种前灌一次水，待前季落地油菜种子发芽后再喷施一遍灭生性除草剂，然后翻耕播种油菜。

图19-2　纸袋及纱帐隔离

20. 油菜种子贮存期间结块和霉变

　　表现症状：油菜籽在不适宜的温度、水分条件下贮藏容易出现结块、霉变现象（图20-1）。

　　发生原因：①空气湿度大或种子含水量高。油菜种皮较薄，组织疏松，且籽粒细小，表面积大，在入库及仓储过程中极易吸水潮解。②通气性差，容易发热。油菜种子近似圆球形，堆放时往往密度较大。油菜种子代谢作用旺盛，放出热量较多，加上热量不易向外散发，易感染霉菌。③油菜含油量较高，条件不适易酸败。④螨类害虫迅速繁殖，引起种堆发热。

　　诊断方法：当水分超过8%～9%时，少数干生霉菌

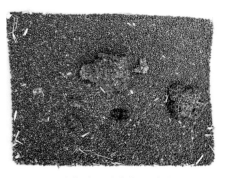

图20-1　油菜种子贮存期间结块和霉变

就会发生繁殖，逐渐造成种子霉变。如果把含水量为7%～8%的油菜籽堆放在密封条件不好的仓库内，在湿度较高的情况下，油菜籽的含水量只需7～8小时就会上升到19%。而油菜籽含水量在13%以上时，可在一夜之间全部霉变，影响出油率。

预防措施：①严格控制含水量。油菜籽的含水量控制在8%～9%较为安全，长期贮藏的含水量应小于8%。空气相对湿度在85%以上，种子会很快吸湿潮解，含水量上升到10%以上。因此，阴雨天不宜入库。②严防发热霉变。种堆温度夏季不宜超过28～30℃，春秋季不宜超过13～15℃，冬季不宜超过6～8℃，如种温高于仓温3～5℃就应采取措施，进行通风，降温散湿。③控制种堆温度。贮藏前，应充分降温，以防种子堆内温度过高，发生"干烧"现象而造成损失。热种子入库后要待种子充分冷却后再关闭仓门。④合理堆放。油菜籽应储存在较小的、便利易处理的仓库内。油菜籽体积小和随意流动的特性决定了要有高质量的储存仓以避免泄漏。铁制仓库很容易密封以抵挡害虫和天气影响。而木制仓库更易使种子泄漏，也易使种子遭受潮气、害虫和啮齿动物损害。⑤加强管理勤检查。在仓储期间，应勤加检查与开仓换气。但在仓外相对湿度大于仓内时，不能开仓换气。一般刚入库收藏的种子在3～5天内检查一次，以后每隔10天检查一次，如发现含水量升高，要及时采取措施进行晾晒。当水分下降到规定标准后，应注意密闭良好，以防种子吸湿。检验含水量的简单方法为：抓一把油菜籽平摊在桌面上，用瓦片重压，如有脆声表明达到安全贮存标准。

21. 油菜缺氮

表现症状：随着缺氮程度的加深，油菜植株依次表现为叶片、茎秆绿色变淡，甚至呈现紫色，下部叶还可能出现叶缘枯焦状，部分叶片呈黄色或脱落；植株生长瘦弱，主茎矮小而纤细，分枝少而小，株型瘦小而松散；单株角果数减少，开花期缩短，终花期提前，种子小而轻（图21-1，图21-2，图21-3，图21-4）。

发生原因：土壤缺氮或氮供给不合理而影响植物体的生长。

图21-1　油菜苗期缺氮

图21-2　油菜薹期缺氮

图21-3　油菜花期缺氮

图21-4　油菜角果期缺氮

　　诊断方法：①当每千克土壤中碱解氮含量低于60毫克时，油菜植株表现出缺氮症状。②施氮不科学。施用量少、施肥时期及施肥方式不合理等引起缺氮。③未腐熟秸秆、牛粪等大量投入于农田，给土壤微生物提供丰富的碳源，促使微生物繁殖旺盛，大量消耗土壤中的无机态氮。

　　预防措施：①根据土壤养分施用油菜所需氮肥量。当每千克土壤中碱解氮含量在60～100毫克的低氮水平下，要获得每亩100千克以上的籽粒产量，每亩至少需施用纯氮6～9千克，换算为尿素是13～20千克。②根据油菜不同生育时期对氮素的需求而进行分次施肥，施足基肥、苗肥和薹肥。③对于秸秆还田地块，可在旋耕前每亩撒施尿素5～10千克，为微生物生长繁殖提供氮源，避免苗期缺氮。

22. 油菜施氮过量

　　表现症状：种子萌发出苗困难或烧苗；营养生长旺盛，现蕾开花延迟，生育期推后，有效花期缩短，成熟推迟；茎秆机械强度低、易倒伏；茎枝过分繁茂，无效分枝、低效分枝多，降低单株有效分枝数、有效角果数与产量（图22-1，图22-2，图22-3）。

　　发生原因：氮肥用量超过了油菜吸收利用的适宜范围，植株产生生理障碍或危害。

　　诊断方法：①在高肥力土壤上继续单施过多氮肥。如在每千克土

图22-1　油菜苗期氮肥正常

图22-2　油菜苗期氮肥过量

图22-3　油菜薹期氮肥过量

壤碱解氮含量达到200毫克以上的高肥力水平下，每亩施入纯氮量超过20千克。②施氮时期不合理。基肥或追肥比例不合理引起某一生育阶段氮肥供应太多而发生旺苗、倒伏、贪青晚熟等。③追肥方式不合理。追肥撒施在叶面上，造成植株伤害。尤其是下雨后过多追氮。

　　预防措施：①根据目标产量及土壤养分掌握油菜适宜氮肥量。

图22-4　油菜花期氮肥过量

如每亩拟获得150 ～ 200千克的籽粒产量，在高等肥力（每千克土壤中碱解氮含量200毫克以上）水平下，每亩施用纯氮量不宜超过6 ～ 8千克，换算成尿素量不宜超过13 ～ 18千克。②考虑氮、磷、钾肥和微量元素肥料的配施比例，避免偏施氮肥。③掌握适宜的基肥与追肥比例，保证全生育期氮素平衡供应。

23. 油菜缺磷

表现症状：叶片小，叶片厚，不能自然平展，叶脉边缘有紫红色斑点或斑块，茎秆呈灰绿色、蓝绿色、紫色或红色，开花推迟。严重缺磷时，叶片变窄，边缘坏死，老叶提早凋萎、脱落；茎秆纤细，分枝少，植株瘦长而直立。如果缺磷进一步发展，则植株矮小，花序不能正常发育（图23-1，图23-2，图23-3，图23-4）。

发生原因：土壤缺磷或环境条件影响植株对磷的吸收。

诊断方法：①土壤缺磷或偏碱性。当土壤有效磷含量低于5毫克／千克时，土壤极端缺磷；土壤中的有效磷含量5 ～ 15毫克／千克时，则出现缺磷症状。北方土壤偏碱性，施磷易被土壤固定，使

图 23-1　油菜苗期缺磷

图 23-2　油菜花期缺磷

图 23-3　油菜角果期缺磷

图 23-4　油菜成熟期缺磷

植株难以吸收而缺磷。②气温或土壤温度偏低，抑制根系生长影响磷吸收，易出现缺磷症状。③在干旱地区或干旱季节，土壤含水量低，磷素扩散受阻，易发生缺磷症状。

预防措施：①根据土壤中速效磷含量确定必需的磷肥施用量。土壤中的速效磷含量低于6毫克／千克时，每亩磷肥施用量须达到过磷酸钙25千克以上才能满足油菜生长基本需求。一般土壤（速效磷含量12～25毫克／千克）的磷肥用量为每亩20～25千克过磷酸钙或钙镁磷肥。②考虑土壤性质，合理施肥。北方偏碱性的土壤可施用速效磷肥磷酸二铵；南方土壤偏酸性，有利于磷释放，宜施用磷矿粉。③磷肥宜全部作基肥。油菜施用磷肥的效果与施用时期关系密切，施用越早肥效越好，因此磷肥基施的利用率最高。土壤有效磷极低的地块可通过穴施稍加追肥。出现缺磷症状的油菜可每亩用99%磷酸二氢钾200克兑水30千克进行叶面喷施。④平衡其他营养元素，与其他肥料施用量形成适宜配比。⑤注意抗旱与排水。平整土地，开挖排水沟，做到雨停水干，田间不积水。黏重地块可深中耕。

24. 油菜施磷过量

表现症状：叶片肥厚而密集，叶色浓绿（图24-1）；植株矮小，节间过短；植株地上部分与根系比例失调，在茎叶等地上部分生长受到抑制的同时，根系非常发达，根系粗壮。繁殖器官因磷肥过量而加速成熟进程。

发生原因：在高磷土壤上继续过多施用磷肥。

诊断方法：在每千克土壤中有效磷含量大于30毫克的水平下，每亩施入磷肥（P_2O_5）超过10千克，换算成过磷酸钙超过80千克。

图 24-1　油菜越冬幼苗施磷过多症状

预防措施：根据目标产量及土壤养分掌握油菜适宜磷肥施用量。土壤有效磷为25～30毫克／千克时，土壤基本不缺磷，油菜单独施用磷肥的效果不显著；土壤有效磷含量在30毫克／千克以上时，土壤含磷丰富，施用磷肥基本无效。

25. 油菜缺钾

表现症状：幼苗呈匍匐状，叶片叶肉部分出现"烫伤状"，叶面凹凸不平，导致叶片弯曲呈弓状，松脆易折，常常焦枯脱落；叶色变深呈深蓝绿色或紫色，边缘和叶尖出现"焦边"和淡褐色至暗褐色枯斑。茎枝细小，机械组织不发达，表面呈褐色条斑，易折断倒伏，直至整个植株枯萎、死亡（图25-1）。

发生原因：土壤缺钾或钾供给不合理而影响植物体的生长。

诊断方法：①土壤缺钾。当土壤中的速效钾含量低于26毫克／千克时植株极端缺钾；当土壤速效钾含量为26～60毫克／千克时，植株

图 25-1　油菜缺钾症状

出现缺钾症状。②大量偏施氮肥，而有机肥和钾肥施用少。③排水不良，土壤还原性强，根系活力降低，对钾的吸收受阻。

预防措施：①根据土壤供钾状况确定必需的施钾用量。当土壤中的速效钾含量低于50毫克／千克时，每亩钾肥施用量须达到氯化钾或硫酸钾10～15千克以上才能满足油菜生长基本所需。一般土壤（速效钾含量60～135毫克／千克）的氯化钾用量为每亩7～10千克。②采取科学合理的施肥方式。施钾量少时，应全部基施，施钾量大时，可分作基肥、腊肥施用；轻质沙壤土不宜全部基施，易随雨水淋失，应注意追施钾肥。③注意与氮磷及其他营养元素均衡施用，避免偏施。

26. 油菜施钾过量

表现症状：油菜细胞含水率偏高，枝条不充实，耐寒性下降。钾素过量时，会造成镁元素的缺乏或盐分中毒，影响新细胞的形成，使植株生长点发育不完全，近新叶的叶尖及叶缘枯死。钾肥过量使用还会影响植株对镁、铁、锌等的吸收利用。超量使用钾肥不但抑制了镁元素吸收同时对磷元素吸收产生很大的抑制（图26-1）。

发生原因：在高钾土壤上继续过多施用钾肥。

诊断方法：在每千克土壤中有效钾含量大于180毫克的水平下，每亩施入钾肥（K_2O）超过10千克，即施用氯化钾或硫酸钾超过15千克。

图26-1　油菜施钾过多症状

预防措施：根据目标产量及土壤养分掌握油菜适宜施钾量。土壤有效钾为135～180毫克／千克时，土壤基本不缺钾，油菜单独施用钾肥的效果不显著；土壤有效钾含量在180毫克／千克以上时，土壤含钾丰富，施用钾肥基本无效。

27. 油菜缺硫

　　表现症状：油菜缺硫症状与缺氮症状有些相似，但缺硫较多出现在薹期和开花期。缺硫对幼叶的影响最大，幼叶色泽较老叶浅，叶片叶脉间失绿，而叶脉仍保持原来的绿色，后期逐渐遍及全叶（图27-1，图27-2）。抽薹和开花时的茎和花序上，花色变淡，淡黄色的花往往变白色，开花延续不断，至成熟时植株上同时有成熟的和未成熟的角果，以及花和花蕾。角果尖端干瘪，约有一半种子发育不良。严重缺硫时植株矮小，茎变短并趋向木质化或易折断。

图27-1　油菜缺硫幼苗　　　　图27-2　油菜缺硫叶片

　　发生原因：硫是植物中量养分元素之一，是构成蛋白质的重要元素，对叶绿素的形成有一定作用；可促进植株的开花结果，增加油菜角果数、角果重及籽粒饱满度。油菜对硫需求量较大，对缺硫敏感，长期不施含硫肥料，且氮肥用量大的高产田更易出现缺硫症状。

　　诊断方法：气温高、雨水多、沙质壤土的地区，硫酸根离子流失较多，为易缺硫地区。

　　预防措施：缺硫时可采用配方施肥技术补充硫肥。严重缺硫时每亩追施硫酸钾10 ~ 20千克。

28. 油菜缺硼（花而不实）

表现症状：早期缺硼时，油菜植株矮化（图28-1），叶片皱缩（图28-2）、变小、呈暗绿色，出现紫红色斑块（图28-3），有时叶柄开裂，根颈膨大，皮层龟裂。蕾薹期中部叶片由叶缘向内出现玫红色，叶片增厚、易脆、倒卷。薹茎伸长缓慢，主茎顶端萎缩，有时出现茎裂现象；顶端花蕾发育失常，褪绿变黄，甚至萎缩干枯脱落。开花期花序明显矮化，顶端萎缩，有的花瓣皱缩，颜色变深，开花不正常，不能形成正常幼果。角果期出现"返花"现象，全株明显出现"蕾而不花""花而不实"现象（图28-4）。

发生原因：土壤缺硼或硼供给不合理而影响植株生长。

诊断方法：当土壤有效硼含量低于0.25毫克／千克时，油菜严重缺硼。当土壤中的有效硼含量低于0.6毫克／千克时，油菜为潜在性缺硼。

预防措施：①严重缺硼土壤必须每亩施用硼砂0.5～1千克作基肥。②土壤潜在缺硼，可在薹期、初花期叶面喷施浓度为0.2%的硼砂。

图28-1　缺硼油菜田

图28-2　缺硼油菜幼　图28-3　缺硼油菜幼苗叶紫红斑块　图28-4　油菜开花、
　　苗叶皱缩　　　　　　　　　　　　　　　　　　　　角果期缺硼

注：图28-1至图28-4由华中农业大学徐芳森提供。

29. 油菜喷施多效唑过量

表现症状：施用后植株出现矮小、畸形，叶片暗绿卷曲，哑花等现象，基部老叶提前脱落，幼叶扭曲、皱缩、生长停滞、萎缩、甚至枯死。由于多效唑药效时间较长，对下茬作物也会产生影响，导致不出苗、晚出苗、出苗率低、幼苗畸形、不开花结果等药害（图29-1）。

发生原因：多效唑为三唑类植物生长调节剂，是由赤霉素合成的抑制剂，主要是抑制植物体内赤霉素的生物合成，减慢植物生长速度，控制作物茎干的伸长，缩短作物节间；适当应用可促进植物矮壮（图29-2）、增加分枝、促进植物花芽分化，提高抗逆性，提高产量，但过量施用则会对植株产生药害，污染土壤并在土壤中残留。

图29-1　过量使用多效唑使油菜矮缩　图29-2　适当使用多效唑可促进油菜矮壮

诊断方法：多效唑施用浓度超过400毫克／千克。

预防措施：根据说明书严格控制施药量；应选择田间肥水水平高、播种早、密度大的旺长油菜，幼苗3～4叶期喷施；用药的浓度为150毫克／千克，每亩用15%多效唑可湿性粉剂100克兑水100千克，均匀喷施地上部分。矮小瘦弱油菜苗不宜施用。如出现多效唑用量过多的现象时，可采用增施氮肥或喷洒赤霉素进行解救。

30. 油菜高温热害

表现症状：油菜萌发出苗期遇高温，刚出土幼苗根颈部会出现缢缩，轻者叶片发黄，幼苗细长或皱缩萎蔫；重者死苗、造成出苗不全或缺苗断垄（图30-1）。成熟期气温过高，角果发育受阻无光泽，籽粒灌浆过程终止，籽粒不饱满，秕粒、绿籽大大增加。

发生原因：冬油菜有可能在播种期或成熟期遇到高温。油菜播种时遇高温，播后2～3天即出苗，如地表温度过高并且持续时间长，在出苗过程中会造成靠近土壤表面幼苗的根茎部发生灼伤。成熟期高温会破坏油菜叶片与角果皮的光合结构，导致植株光合作用不正常，光合产物的运输不畅。植株与角果受热害，角粒数及千粒重下降，严重影响油菜产量和质量。

图30-1　油菜苗期高温热害

诊断方法：播种时遇30℃以上的高温天气，油菜出苗率下降，形成弱苗或死苗。油菜籽粒发育初期，日均温持续在24～25℃时，灌浆停滞。气温达28℃左右，果皮光合作用受阻。气温30℃以上，产生高温炙烤，植株与角果严重受害。

防治措施：①适期播种，各地根据当地气候、品种类型确定播种期。②苗期高温干旱年份要注意播前、播后浇水，且浇水要适时适量，及时降温，保持土壤温度适宜，必要时要再浇第3次、第4次水。沙壤土容易缺水，更要注意多次增浇水并加强苗期管理。

31. 油菜低温冻害

表现症状：油菜冻害可表现在地上部和地下部。地上部冻害包括叶片、茎秆、蕾薹、幼果受害。叶片受冻初期呈烫伤状，持续低温则叶片组织受冻死亡（图31-1）；早春寒潮期间低温叶片可能出现凹凸不平的皱缩现象。薹受冻初期呈水烫状，嫩薹弯曲下垂，茎部表面破裂（图31-2），冻害严重时开花结实不良，出现主花序分段结实现象。地下部冻害在苗期可表现为幼苗根系被扯断外露形成根拔（图31-3）。

图31-1　油菜叶片受冻　　图31-2　油菜茎秆受冻　　图31-3　油菜根受冻

发生原因：叶片受冻是最普遍的，持续低温会导致细胞间隙内水分结冰，使叶片组织受冻死亡；早春寒潮期间如果温度不是太低，叶片下表皮生长受阻，而其余部分继续生长，则导致叶片呈现凹凸不平的皱缩现象。现蕾抽薹期抗寒力最弱，只要出现0℃以下低温，就会出现冻害。根拔多在弱小或扎根不深的油菜苗上出现，主要原因是夜晚低温造成土壤结冰膨胀，幼苗根系被抬起；白天气温回升，冻土溶解体积变小下沉，造成幼苗根系被扯断外露。

诊断方法：油菜的冻害主要发生在越冬低温期间，也可发生在早春寒潮期间。当气温降至3～5℃时，油菜就会遭受冻害。苗期遇夜间−5～7℃的低温会出现根拔。一般早播早薹油菜田（图31-4）、旺长油菜田（图31-5）易发生冻害。

图31-4　早播早薹油菜叶片和蕾薹冻害严重

图31-5　正常播种但生长太旺的油菜叶片冻害严重

　　预防措施：油菜受冻害与很多因素有关，必须采取综合性的防冻措施。除选用抗寒耐寒的品种外，应着重采取如下技术措施。①早施苗肥，重施腊肥，培育壮苗防冻。油菜冬前营养生长良好，形成强大的根系有利于提高抗寒能力（图31-6）。特别是晚栽和迟播的菜苗，要尽早施肥、间补苗。越冬前于12月上中旬重施腊肥，特别是行间壅施猪牛粪或土杂肥等，可提高土壤温度2～3℃。②培土壅根防冻害。结合施腊肥进行中耕、除草、培土，培土高度一般以第一片叶基部为宜，这样既可疏松土壤、提高土温，又能直接保护根部，有利于根系生长、防止严冬发生根拔现象、防止后期倒伏。③留茬及冬前用作物秸秆等覆盖油菜苗。保留前作残茬有防冻作用（图31-7）。每亩覆盖稻草200～300千克，可以保持地温，减少叶面蒸腾，避免冷空气对叶片的直接伤害，还可弥合土缝，防止漏风吊苗，既能保墒防冻，又能增加土壤有机质。④喷施多效唑。对有徒长趋势的油菜，在低温来临之前每亩用15%的多效唑可湿性粉剂50～60克、兑水60千克均匀喷施在叶片上，可以使植株矮壮减轻冻害。⑤摘除早薹早花防冻。摘除冬前出现的早薹早花，以防止或减轻冻害。摘除前必须追施一次速效性氮肥，以促进其恢复生长，促发分枝，增加着果部位。

图31-6　健壮根系发达的植株（左2）　图31-7　房屋遮挡及田间残茬有降低油
　　　　冻害影响较轻　　　　　　　　　　　　菜冻害的作用

　　注：图31-1至图31-7为2008年2月于湖北油菜产区大雪后拍摄。

32. 油菜冰雹危害

表现症状：油菜茎叶、分枝受压折断，或将油菜打倒（图32-1，图32-2）。冰雹融化时温度骤降易使油菜遭受冷害、冻害。

图32-1　油菜角果期冰雹危害造成绝产　　图32-2　油菜遭遇冰雹只剩光杆

注：图32-1至图32-2为2008年4月湖北当阳油菜田发生冰雹后拍摄。

发生原因：冰雹体积小如绿豆、黄豆，大似栗子、鸡蛋，特大的冰雹甚至比柚子还大，会导致油菜损伤、折断、倒伏或大片毁坏。

防治措施：①考虑油菜最易受害的生育期，调整播期避开冰雹频繁期。②采用适宜的施肥技术、栽培技术，培育健壮苗。接近成熟的油菜可提前抢收。③割除冻薹、摘除受冻幼蕾。及时割除冻死枯薹，割面向南，避免薹茎感染腐烂。对受冻轻的植株摘除主茎蕾薹，保留绿叶。割薹摘蕾后每亩追施尿素8～10千克，促进发根长叶，利于早生、多生分枝。④积极进行灾后处理。进行中耕松土扶株，破除板结土层，或用水灌溉使冰雹尽快化掉。增加追肥次数和数量，并注意叶面追肥，做好防病治虫工作。

33. 油菜干旱危害

表现症状：播种时发生干旱种子萌发困难或不能出苗。苗期干旱幼苗生长缓慢、叶片发黄，严重者干枯死亡（图33-1，图33-2）。盛花期缺水会导致油菜分枝减少，下脚叶逐渐枯萎，营养生长受阻，花期缩短，受精不良，结实受阻；旱情严重时，油菜干枯死亡（图33-3）。

图33-1　大田油菜干旱

图33-2　盆栽油菜幼苗干旱　　图33-3　盆栽油菜花期干旱

发生原因：油菜易发生秋旱与春旱。秋旱多发生在播种出苗期，影响出苗与幼苗生长。春旱多发生在3～4月，此时大部分油菜正处于盛花期，干旱对油菜产量影响很大。蕾花期缺水，生长受到抑制，光合面积小，有机物积累少，开花时间提早结束，花序短且早衰青枯，蕾角脱落增加，角果少且对以后的种子发育、油分积累不利。干旱条件还会影响营养元素的吸收，造成油菜缺素性发红、花而不实等现象；易引发蚜虫、菜青虫、病毒病等灾害。

诊断方法：播种后土壤相对含水量低于60%则萌发困难。苗期土壤相对含水量小于45%时发生明显干旱。蕾花期土壤相对含水量低于60%

则不利于开花；角果发育前期土壤相对含水量低于50%可能发生旱害。

防治措施：①选用抗旱品种（图33-4）。②适当增加油菜留苗密度。③节水灌溉抗旱。干旱条件下，水源紧张，利用局部灌溉或喷灌等节水措施能改善土壤墒情。灌溉后浅锄松土，保蓄水分，防止土壤板结。有条件还可用稀薄粪水进行局部定位浇淋，可显著提高抗旱效果。④采用覆盖栽培措施。采用少免耕技术，通过前作残茬覆盖涵养保水，采取盖土保苗的措施保蓄土壤水分，减少油菜蒸腾作用。⑤灾后追肥促苗。旱情解除后，及时追肥促苗，每亩追施尿素7.5～10千克，或碳酸氢铵15～20千克，增强旱情下植株的养分吸收能力，促进油菜恢复生长。⑥追施硼肥。干旱易导致油菜缺硼，可每亩施0.5～0.75千克硼肥作底肥，或在苗期和初花期各喷一次0.2%～0.3%的硼液。⑦注意干旱时期的病虫害防治。

A.不抗旱品种　　　　　　　　B.抗旱品种

图33-4　油菜抗旱品种（A）与不抗旱（B）品种对比

34. 油菜渍涝危害

表现症状：播种后发生渍害，油菜发芽率较低，难以全苗；或幼苗长势较弱易发生猝倒病，出现僵苗、黄化苗、死苗现象。移栽苗渍害则出现叶片短小狭窄，茎基部叶片发黄，上部叶的叶尖出现萎蔫现象，生长十分缓慢，严重时烂根死苗。苗期渍害可造成油菜根系发育不良，表土层须根多，支根白根少，甚至腐烂；外层叶片变红，叶色灰暗，心叶不能展开，幼苗生长缓慢或死亡（图34-1，图34-2，图34-3）；油菜株高、茎粗、绿叶数显著降低。花角期渍害直接影响开花授粉结实，造成花角脱落、阴角增多。

图34-1　油菜出苗期渍水幼苗紫红

图34-2　油菜苗期田间渍水

发生原因：土壤水分过多或地面渍水，土壤通气性差或不透气，根系进行无氧呼吸，对油菜的生长发育造成阻碍。越冬期、薹期、花期和角果发育期的油菜都可能出现明显的渍害。渍害易诱发草害及霜霉病、菌核病、黑斑病等病害。

诊断方法：土壤相对含水量大于90%且持续10天以上。

预防措施：①选用耐渍性强的品种。②注意整地与开沟。对于排水不良的烂泥田，可在水稻收获前7～10天四周开沟排水；若残水难以排干，可采用高畦深沟栽培方式。对土质黏重、板田、低垄田要深开沟，田块面积较大以及排水不易的田块要多开厢沟，陡岸田和塝田可单开背沟和中沟。地下水位较高的积水地区，既要排除地表径流，又要降低地下水位，注意采用深沟高畦方法。在特别低洼和多雨地区，为使土壤易于干燥，可采用窄畦拱背的方

图34-3　油菜幼苗渍水生长缓慢

式。沟的深度以畦沟26 ～ 33厘米，腰沟33厘米以上，围沟50厘米以上为宜。地下水位高的地块，围沟的深度应大于耕作层。③秋冬季多雨防弱苗。长江中下游常在秋旱以后出现阴雨连绵的天气，稻田土壤常排水不良，应清沟沥水，降低地下水位。其次应结合中耕增施草木灰或腐熟堆肥、厩肥，以提高地温，增强土壤的通气性、透水性。④春季多雨防早衰。长江中下游春季雨水多，低温寡照，通气不良。应在立春后雨季到来之前及时清理沟道，防止雨后受渍。⑤增施速效肥。渍水会导致土壤养分流失，要及时追施氮肥，适量补施磷钾肥。⑥防治次生灾害发生。在晴天喷施多菌灵、甲基硫菌灵、硫菌灵、代森锰锌等农药防治霜霉病、菌核病、根肿病等。

35. 油菜大风危害

表现症状：大风造成叶片破损、植株体内水分加快散失而干枯死亡。抽薹期油菜的薹茎易倒伏、折断。花期影响油菜开花授粉。角果成熟期分枝折断，角果机械损伤脱落或大面积倒伏，易出现返花现象（图35-1）。

发生原因：冬季和春季，伴随着冷空气的来袭，经常出现的是大范围的寒潮大风，以偏北风为主，气温低，持续时间较长。春季

图35-1　大风灾害导致油菜倒伏与折断

大风还会加速土壤失墒。

诊断方法：风力达8级或以上对油菜产生较大危害。

预防措施：①选用抗灾能力强的品种。需用株型紧凑、中矮秆、茎秆组织致密、抗菌核病能力强、抗风抗倒能力强的品种。②培育壮苗。增施有机肥和磷钾肥，高肥水地块苗期注意蹲苗。③合理密植。在适宜的密度下，后期分枝相互穿插交织，形成抗倒伏能力强的整体。若密度过大，个体发育不良，抗风能力差。④追施腊肥，壅土培蔸。⑤清沟排渍。冬闲期间、春季雨水过多时，及时排除田间渍水，降低田间土壤湿度，减轻菌核病发生概率。

36. 油菜干热风危害

表现症状：干热风主要发生在油菜角果发育成熟后期，可导致油菜植株体内水分平衡失调，营养物质向种子的运送受阻，轻者造成叶片凋萎，植株及果壳由绿变黄呈灰白色，种子充实度下降，瘪粒增加，千粒重减轻，产量下降。重者整株干枯死亡（图36-1）。

发生原因：天气少雨干燥，气温偏高加多风。干热风对油菜的危害可分为干害、热害和湿害。①干害。高温低湿条件下，造成植株蒸腾量加大，田间耗水量增多，土壤缺水，植物体内水分平衡失调，叶片黄化、萎蔫或植株死亡。

图36-1　油菜干热风危害

②热害。30℃以上高温破坏油菜的光合结构，植株光合作用不能正常进行，影响光合产物的运输。角果无光泽，秕粒、绿子增加，严重影响油菜产量和质量。③湿害。多在地下水位较高的地方发生。主要是雨后高温，植株强烈脱水，导致油菜青干或高温逼熟。

诊断方法：农田小气候在下午14时前后空气相对湿度≤30％，日最高气温≥30℃，风力≥3.0米／秒。俗称"三三制"。气象要素越大于此基本指标，危害越重。

预防措施：①选用中早熟油菜品种。适时早播，合理布局，使油菜籽粒发育成熟期避开干热风。②改善生产条件，治水改土，完善田间灌排设施。干热风期间，要注意水分供应，有条件的地区最好采用喷灌，以水调温，以水调湿，改善田间小气候，减轻干热风危害程度。③喷施植物生长调节剂。苗期喷施100～200毫克／千克多效唑，可增强植株抗风抗倒能力。④做好干热风预测预报工作。采用适时灌溉、根外施肥等方法提前防御。

37. 油菜田盐碱危害

表现症状：影响种子发芽与成苗，出苗天数增加；株高、叶片数量、叶面积及生物量下降，根系生长受阻（图37-1）；严重时叶片呈黄白色，部分植株萎蔫，最终死亡。

正常　　　　　盐浓度0.15％～0.25％　　盐浓度0.35％～0.45％

图37-1　不同盐浓度下油菜生长状态（华中农业大学张国方提供）

发生原因：土壤盐分过多会降低土壤溶液的渗透势，植株不能正常吸水，形成生理干旱，并且营养吸收困难、呼吸作用速率下降。盐分过多也会促使植株积累腐胺，腐胺在二胺氧化酶催化下脱氨，植株含氨量增加，从而产生氨害。

诊断方法：油菜被认为是耐盐性强的作物，但不同品种有较大差异。不耐盐的品种在土壤含盐量（氯化钠）为02%以下能正常生长，在含盐量为0.2%～0.3%的土壤中生长能力及生物量下降，含盐量大于0.3%则生长受到阻碍。耐盐品种在土壤含盐量为0.3%～0.4%的条件下仍能正常生长，在土壤含盐量超过0.6%的条件下生长受阻。

预防措施：①改良土壤。合理施用有机肥或施用盐碱土改良剂。不仅可治理盐碱，还可增加土壤通透性，增加土壤肥力。②采取水利措施改良土壤，如灌溉、排水、放淤、防渗等。③采取合理的耕作方式，如轮作、间作、套作等，有利于改善土壤营养状况。④施用酸性肥料。如施用硫酸铵、过磷酸钙等肥料，可中和碱性。⑤选用抗盐品种。可从现有油菜品种中筛选抗盐品种种植。⑥种子处理。用0.3%～0.4%氯化钠（NaCl）或氯化钙（GaCl$_2$）浸种，可显著提高植株抗盐性。⑦激素处理。喷施脱落酸可提高植株抗盐能力。

38. 油菜镉污染危害

表现症状：镉污染使根系生长受阻、植株表现出叶色减退、矮化、物候期延迟等症状。最终导致作物品质下降和减产，甚至死亡（图38-1）。

发生原因：镉首先破坏植物的根部，影响植物的光合作用和蒸腾作用；镉也抑制水分和养分的吸收，引起必需元素缺乏，干扰细胞正常代谢；镉还导致叶绿素分解速度加快和叶绿素含量降低，从而抑制植物的光合作用，影响作物的产量和品质。

诊断方法：镉在油菜组

图38-1　镉污染对油菜幼苗生长的影响（一竖行一个品种，不同品种有差异）（江西农科院陈伦林提供）

织中含量达到1.0毫克／千克或以上则会产生危害。

防治措施：①严格控制灌溉水和农用污泥等肥料中镉的含量，是控制农田土壤镉污染的有效措施。凡超过规定标准的，不能直接施入农田。②由于镉污染主要集中在表层土壤，因此对于被严重污染的土壤，可采用排土法、翻土法、客土法进行改良。对于污染较轻的土壤，可施入石灰和磷肥，使土壤中镉转化为难溶性的$CdCO_3$、$Cd_3(PO_4)_2$。

39. 油菜汞污染危害

表现症状：土壤汞污染对油菜有较强植物毒性且引起肉眼可见的生理伤害，引起叶片面积变小、失绿变黄甚至枯萎等生理现象（图39-1）。

A.正常生长的油菜

B.汞污染的油菜

图39-1 汞污染油菜的毒害症状（贵州铜仁学院王锐提供）

发生原因：汞俗称"水银"，是常温下唯一呈液态和气态的有毒金属。植物体内的汞主要来源于土壤，喷施农药、用杀菌剂处理种子和污水灌溉等也是作物中汞的来源。污水灌溉导致的汞污染主要集中在耕层土壤中。进入土壤中的汞及化合物会抑制和破坏土壤中微生物的生命活动，对土壤酶活性的影响，使土壤的理化性质变劣，肥力降低。汞破坏植物体内元素平衡，影响生物大分子的合成与功能，进而导致组织功能异常，影响光合作用效率和植物生长发育，妨碍油菜根系生长，导致产量和质量下降。

诊断方法：汞浓度超过 10 毫克／千克会显著抑制植物生长。

防治措施：①严格控制工业"三废"与含汞农药的施用对局部土壤的污染。科学施用化肥农药，尤其是注意进行污灌和施用污泥的过程中，尽量减少汞的直接输入与控制。②施用石灰。使汞形成难溶性的碳酸汞、氢氧化汞或水合碳酸汞，从而降低汞向作物的迁移。但施用石灰可能引起铁、铜、锌等元素缺乏，应通过叶面喷施补充这些微量元素。③施用磷肥。利用汞的正磷酸盐较氢氧化物或碳酸盐的溶解度小的特性，施用磷肥也是降低土壤中汞化合物毒害作用的一种有效方法。④繁殖蚯蚓。蚯蚓能使地下水污泥中汞的含量从 0.97 毫克／千克降至 0.29 毫克／千克。

40. 油菜铝污染危害

表现症状：油菜受铝毒害时，根主轴伸长受抑制，根粗短而脆，呈褐色，根冠脱落，根尖和侧根变短变粗，分枝减少，呈珊瑚状，严重时根系坏死；油菜苗弱小，叶片小而且萎蔫，叶色灰绿，叶面出现白色坏死斑，叶缘坏死，叶数减少（图 40-1）。

发生原因：铝毒害会使油菜根系变短变粗，妨碍并抑制钾、钙、镁、铁、铜、磷等营养元素的吸收与同化；铝毒害还抑制地上部分侧枝的生长，引起叶绿体膜系统破坏。

诊断标准：土壤酸化可加速土壤中含铝的原生和次生矿物风化而释放大量铝离子，pH 低于 6（特别是低于 5）的土壤含有过量的可溶性铝的可能性较大，对多数作物有害。

A.正常油菜　　　　　　　　　　　B.铝毒害油菜

图40-1　铝毒害油菜导致叶片灰绿

防治措施：①提高土壤钙、磷、硅水平。红壤上每亩施用250～1 000千克石灰，可提高土壤pH 1.5～2.7，显著提高油菜籽产量；但长期施用石灰会导致土壤板结。增施磷肥、硅肥也可明显减轻铝毒害。白云石粉能提供钙、镁，提高土壤pH，消除铝毒。②增施有机肥。促进土壤团粒结构的形成，利于油菜根系生长；同时有机物分解产生的腐殖质和有机酸能与铝形成稳定的螯合物，降低土壤铝含量。③种植牧草和绿肥。牧草和绿肥有利于土壤中腐殖质大量积累，能降低土壤铝毒。④接种菌根菌剂。菌根能在高铝条件下迅速生长并感染根，溶解不可利用的磷，快速有效地缓解铝的毒性。⑤选育和种植抗铝的油菜品种。

41. 油菜异恶草松药害

表现症状：一次用药的药效可达作物整个生育期。一般施药后4～7天油菜即表现出药害反应，最初心叶或幼嫩叶片出现淡黄色、黄色、白色等白(黄)化现象（图41-1，左），有部分白化症状仅发生在叶片的一侧或以中脉为界的半片叶上（图41-1，右）。

发生原因：异恶草松又名广灭灵、异恶草酮。油菜对异恶草松

图41-1　油菜异恶草松药害症状

注：右图为宜昌农科院程雨贵提供。

的耐性不太强，用量稍大油菜即可能出现叶片白化、生长受抑制等药害症状。

诊断方法：播种后未覆盖的露籽田块及油菜出苗后至5叶前幼苗施药，低温阴雨天、积水田施药均可能产生药害。

预防措施：①一般用于苗前土壤封闭除草。直播油菜田一般不提倡使用异恶草松化学除草。如果使用，则应将异恶草松减量与乙草胺等混用，并在播种后严密盖土，然后喷药。移栽油菜田施用，应在整地后喷药，过 1 ~ 3 天移栽，并注意严格按产品使用说明用药，严格控制药量。②施药时油菜苗必须是5叶以上的大苗、壮苗。③施药要均匀，防止漏喷、重喷。在持续干旱的情况下可以适当灌水，但不能全田大水漫灌。④将异恶草松与乙草胺、异丙甲草胺、丁草胺等药混配使用，或者使用广佳安(50%乙·异恶松乳油)等复配剂，有利于减少异恶草松的绝对用量，减轻油菜白化率，并能扩大杀草谱，提高除草效果。

42. 油菜乙草胺药害

表现症状：乙草胺又称禾耐斯。当施药量较高时，油菜植株矮小（图42-1），叶片变紫色，皱缩卷曲，呈匙状（图42-2），叶面积为正常叶片的20%。严重药害植株在施药后60 ~ 70天死亡，死苗率达16.6%。如果施药后遇大雨，则很容易导致油菜出苗率大幅度降低。

图42-1   油菜乙草胺药害植株   图42-2   油菜乙草胺药害叶片

发生原因：乙草胺持效期为40～70天，主要保持在0～3厘米的土层中，高温高湿或持续低温高湿易产生药害。

诊断方法：正常情况下，在油菜播后苗前亩用50%乙草胺乳油70毫升进行土壤封闭处理对油菜安全，而用1.5倍或2倍药量则油菜生长受抑制；在地势低洼、地下水位高的直播油菜田，亩用50%乙草胺乳油80毫升／亩，油菜即出现药害。

防治措施：①在播种前施用，应提早72小时以上。②严格控制乙草胺用量，每亩用50%乙草胺不超过90毫升，避免药害发生。③对乙草胺抗耐性较强的、杂草较多的地区，可以选用乙草胺与异恶草松的复配剂，有利于降低乙草胺的绝对用量，并扩大杀草谱，提高对禾本科杂草及多种阔叶杂草的防效。④避免施药后田间较长时间积水，及时清沟排渍。

43. 油菜双酰草胺药害

表现症状：双酰草胺又称草长灭、卡草胺。发生药害时，油菜植株一般叶片变小，仅为正常植株的1／4～1／2（图43-1，A）。叶片沿边缘向下翻卷，叶裂加深（图43-1，B），叶面粗糙、皱缩（图43-1，C），出现"明脉"（图43-1，D）；严重时，全株发黄，成龄叶呈鲜黄色，新叶及幼叶呈黄色，并伴有畸形。双草酰胺药害与缺硼相继发生时，老叶出现明显紫红斑，叶片呈紫红、黄绿、黄白相间斑驳状，叶柄表皮打皱、变脆、易折断。

A.叶片变小   B.叶裂加深

C.叶片皱缩   D.出现明脉

图43-1　油菜双酰草胺药害症状

发生原因：施用量过大，小苗或移栽后立即施用。

诊断方法：每亩施用70％双酰草胺超过200克。直播油菜1～4叶期或移栽苗尚未活棵时施用。正常情况下在土壤中残效期可达2个月。

防治措施：①严格控制用量，并在移栽前和移栽活棵后施用。②在甘蓝型杂交油菜上使用。③选准用药时期，在油菜5叶期以上的大壮苗使用。④尽量避免双苯酰草胺与某些禾草除草剂直接混用。

44. 油菜草除灵药害

表现症状：草除灵又名好实多、高特克、草除灵乙酯。发生药害时，油菜在施药后3天出现叶片失水、叶色变淡等症状；施药后

10天叶片卷曲、叶脉变粗变白，出现明脉症状（图44-1）；部分重症株出现畸形，茎基增粗、内部中空，顶部派生多个芽头，新芽的叶片明显变小，呈紫红色，并出现合生叶柄，死苗率达10%～17%。药害严重时，油菜抽薹后不再产生分枝，茎秆呈扁平状，角果排列呈鸡冠花状，有些茎秆扭曲成S形，角果明显减少。

发生原因：施用量过大，幼苗在5叶以前施用。

A.大田药害症状

B.叶片危害症状

图44-1　油菜草除灵药害症状

注：图A为宜昌农科院程雨贵提供。

诊断方法：每亩50%草除灵施用量超过30毫升。一般用于油菜田苗后防除阔叶杂草。

预防措施：①严格控制用量。②可在甘蓝型杂交油菜上使用，避免在芥菜型、白菜型油菜上使用。③选准用药时期，在油菜5～6叶期以上的大壮苗使用。④尽量避免草除灵与某些禾本科除草剂直接混用。

45. 油菜草甘膦药害

表现症状：油菜苗叶片皱缩、增厚，叶色变深，部分叶色发紫，生长缓慢，表现为地上部分逐渐枯萎、变褐，最后全株死亡（图45-1，图45-2）。

图45-1　草甘膦初期药害症状　　图45-2　草甘膦喷施10天后药害症状

发生原因：草甘膦为灭生性、内吸传导型广谱性除草剂，靠植物绿色部分吸收该药，在用药几天后才出现反应。植物部分叶片吸收药液，即可将植株连根杀死。其作用机理是破坏植物体内的叶绿素，淋入土壤后即钝化失效。因此能杀死地面生长的各种杂草，但对地下萌芽未出土的杂草无效。

诊断方法：施药后马上播种，或5天内移栽油菜苗。大风天气距离油菜田太近喷药。

防治措施：①采用正确的施药方法。大田喷洒草甘膦应在无风条件下，进行严格定向喷雾，避免叶片沾药；路边、河边等地方喷洒草甘膦时，应在无风条件下距离作物20米以上；对喷用过草甘膦的喷雾器要反复清洗后他用。②药害发生时，及时喷洒清水进行冲洗，摘除下部沾药叶片，同时喷洒0.136%赤霉素·吲哚乙酸·芸薹素内酯可湿性粉剂来缓解，也可喷施各种叶面肥修复被损害的细胞。严重地块及时毁种其他作物，尽量减少损失。③油菜田施药后5天以后再移栽可有效减轻药害。

46. 油菜二氯吡啶酸药害

表现症状：油菜受二氯吡啶酸药害，表现为茎扭曲；叶片呈杯状、皱缩状（图46-1）；根增粗，根分生组织大量增生，根毛发育不良；茎顶端变成针叶状，茎脆，易折断或破裂；茎部、根部着生疣状物，根和地上部生长受抑制。

图46-1　油菜二氯吡啶酸药害症状
（宜昌农科院程雨贵提供）

发生原因：二氯吡啶酸是一种人工合成的植物生长激素，对杂草施药后，它被植物的叶片或根部吸收，在植物体中上下移动并迅速传导到整个植株。二氯吡啶酸能导致细胞分裂的失控和无序生长，或抑制细胞的分裂和生长。对豆科和菊科多年生杂草有特效，目前主要应用于油菜田。

诊断方法：使用剂量每亩超过12克以及在低温下施用。

防治措施：①不要在芥菜型油菜田施用，否则容易产生药害。②注意施用时期。最好在油菜苗期施用，但不要在低温霜冻期施用。③控制用药量。春油菜使用剂量为每亩6～12克，冬油菜使用剂量为每亩4.5～7.5克。

47. 油菜烯草酮药害

表现症状：过量施用易造成油菜幼苗生长缓慢，幼嫩组织早期黄化或变紫，随后其余叶片萎蔫，直至死亡（图47-1，图47-2）。油菜在抽薹、结角期对烯草酮比较敏感，在油菜进入生殖生长阶段后施用烯草酮会使油菜出现白化现象，导致油菜开花结实不良。

图47-1　除草剂烯草酮初期药害症状　　图47-2　施用烯草酮10天后药害症状

发生原因：烯草酮为茎叶除草剂，抑制植物体内脂肪酸合成，使植株生长延缓，施药后1～3周植株褪绿坏死。对于大多数一年生和多年生的禾本科杂草有特效，对双子叶作物安全。但施用不当也产生药害。

诊断方法：施用药量超过每亩24%乳油40毫升兑水20升的安全用量。抽薹后施用易造成药害。

防治措施：①控制用药量。一年生杂草3～5叶期，多年生杂草分蘖后施用。使用剂量为每亩24%乳油20～40毫升兑水20升，茎叶喷雾。杂草较大或防治多年生杂草要适当增加药量。②注意使用时期。一般在油菜4叶期至抽薹前施用，油菜抽薹后不能使用。③油菜田中的早熟禾等恶性杂草，最好在冬前或冬季气温高时用烯草酮等除草剂防除，掌握在早熟禾3～4叶期用药。要求在日平均温度5℃以上施药，施药后1周内无强降温低温天气。

48. 油菜菌核病

表现症状：苗期病害发生较少，重病苗死亡。花期主要侵染花瓣和花药，花瓣感病呈暗黄色，带水渍状，极易脱落感染叶片。叶片感病初期，感病部位褪绿，继而变成淡黄色，后转化为青褐色水渍状，扩大呈圆形或不规则形的浅褐或灰褐色轮纹病斑（图48-1，图48-2，图48-3）。干燥时病斑穿孔破裂，潮湿时病斑扩展并腐烂，长出白色絮状菌丝，后期可产生黑色菌核。茎枝感病初呈淡褐色长椭圆形，稍凹陷，水渍状，后变为灰白色，边缘深褐色，有时渍斑上可见淡褐色轮纹。湿度大时，病斑蔓延迅速并变为白色，组织腐烂，髓部中空，长出菌丝，然后于茎秆内形成大量的黑色鼠粪状的菌核，致使分枝或整株死亡（图48-4）。角果期感病的角果病斑初为水渍状浅褐色，后变为白色，边缘褐色，潮湿时全果腐烂变白，角果内部和外面形成黑色菌核。感病后角果数和角粒数显著减少，千粒重下降，一般减产10%～30%，重病区可达30%以上，是对油菜危害最大的一种真菌性病害（图48-5）。

图48-1　感病花瓣掉落在叶片

图48-2　被侵染的叶片

图48-3　叶片圆形浅褐病斑　　图48-4　油菜茎秆受菌核病侵染

图48-5　大田油菜角果期发生菌核病

注：图48-1至图48-5由华中农业大学姜道宏提供。

　　发病原因：菌核病又称茎腐病，也称"白秆""麻秆""霉蔸"等，病原为核盘菌 [*Sclerotinia sclerotiorum* (Lib.) de Bary]。主要以菌核随病残体遗留在土壤中越冬，土壤中可存活 1～3 年，水中经 1个月即腐烂死亡。菌核萌发后形成子囊和子囊孢子。子囊孢子成熟后，借气流传播蔓延。初侵染时，子囊孢子萌发产生芽管，从衰老的或局部坏死的组织侵入。当该菌获得更强的侵染能力后，直接侵害健康茎叶。

　　发病规律：油菜的幼苗、叶片、茎秆、花瓣、角果和种子均可被感染，全生育期都能发病，尤以盛花期最重。温度20℃、相对湿度高于85%发病重。湿度低于70%，病害明显减轻。此外，密度过大，通风透光条件差，或排水不良的低洼地块，或偏施氮肥，连作地发病重。

防治措施：

（1）选用抗（耐）病品种。

（2）轮作　最好每年实行水、旱轮作。缺少水旱轮作条件的，重病区轮作年限至少3年以上，轻病区应在1年以上，而且至少要在100米范围内进行轮作。

（3）深耕　秋季深耕有减少田间有效菌源数量的作用。需做到：①深耕必须翻压表土，将病菌表土翻到土壤下层。②深耕深度在3厘米以上。③耕翻最好在油菜收获后进行。

（4）土壤处理　50%福美双200克拌土100千克，或50%多菌灵、70%硫菌灵每平方米8～10克兑土20倍混匀撒施。夏季土壤干燥后进行灌溉可促进菌核腐烂。

（5）种子处理　①50℃温水浸种10～20分钟，或1∶200甲醛浸种3分钟，风干即播。②10%盐水或者硫酸铵溶液选种，除去浮起来的病种子和小菌核，晾干后播种。

（6）合理密植，加强田间管理　合理密植，注意开沟排水，做到雨停水干。重施基肥和苗肥，多施钾肥或草木灰。春秋轻施薹花肥。油菜收获后彻底清除病残体。

（7）药剂防治　在开花期叶病株率10%以上，茎病株率1%以下时开始喷药，一般喷1～2次，相隔7～10天，病重、雨天可适当增喷一次。常用药剂：每亩用50%异菌脲可湿性粉剂66.7～100克兑水50千克喷雾，在油菜初花期、盛花期各喷一次；40%菌核净可湿性粉剂1 000～1 500倍，或者每亩用量100克兑水60千克喷雾；25%咪鲜胺乳油每亩50毫升兑水60千克喷雾；80%多菌灵超微粉1 000倍液或每亩100克兑水60千克喷雾。

（8）生物防治　①每克质壳霉孢子粉加1升水，配制成10^6个／克的孢子悬浮液。每亩孢子粉用量为50～100克，在油菜花期施用效果最好。②木菌霉Tv-36，配制成麦麸菌粉（$5×10^8$个／克），于苗期土壤施用一次（0.5千克／亩），抽薹期喷雾一次（0.5千克／亩）。

49. 油菜幼苗软腐病

表现症状：油菜感病后茎基部产生不规则水渍状病斑，以后茎内部腐烂成空洞，溢出恶臭黏叶，病株易倒伏，叶片萎蔫，籽粒不饱满，重病株多在抽薹后或苗期死亡（图49-1，图49-2）。

图49-1　油菜幼苗期软腐病　　　　图49-2　油菜茎秆软腐病

注：图49-1至图49-2由中国农科院油料研究所刘胜毅提供。

发病原因：病原为胡萝卜欧文氏菌胡萝卜亚种 [*Erwinia carotovora* subsp. *carotovora* (Jones) Bergey et al.]，为一种弱寄生菌。病原菌随带菌的病残体、土壤、未腐熟的农家肥以及越季病株等越冬，成为重要的初侵染菌源。在生长季节病原菌可通过雨水、灌溉水、肥料、土壤、昆虫等多种途径传播，由伤口或自然裂口侵入，不断发生再侵染。残留土壤中的病原菌还可从幼芽和根毛侵入，通过维管束向地上部转移，或者残留在维管束中，引起生长后期和贮藏期腐烂。病原菌的寄主种类很多，可在不同寄主之间辗转危害。

发病规律：高温多雨有利于软腐病发生。

防治措施：①重病地避免连作，实行轮作，避免与十字花科作物重茬。②精细整地，清沟沥水。油菜地选定后，要及时翻耕晒垄，整畦挖沟，施用充分腐熟的农家肥。③做到阴雨天水不淹畦，沟无积水；对于低洼易积水的田块，应采用高畦深沟栽培，及时降低土壤湿度，促进根系发育，增强植株抗病力。④药剂防治。及时检查，发现病株及时拔除、烧毁。病穴及其邻近植株淋灌90%敌克松可湿性粉剂500倍液，每株（穴）淋灌0.4～0.5升；或每亩用75%百菌清可湿性粉剂600～700倍液、50%多菌灵可湿性粉剂800～1 000倍液60千克喷施，重病田隔7天喷1次，连喷2～3次，有较好的预防和治疗作用。

50. 油菜苗期猝倒病

表现症状：油菜出苗后，在茎基部近地面处产生水渍斑状，后缢缩折倒，然后变黄、腐烂、变褐萎缩。湿度大时病部或土表生有白色絮状物，即菌丝（图50-1）。

发病原因：猝倒病又称油菜萎蔫病，病原为瓜果腐霉 [*Pythium aphanidermatum*（Edson）Fitzp.]。病菌以卵孢子在12～18厘米表土层越冬。翌春，遇有适宜条件萌发产生孢子囊，以游动孢子或直接长出芽管侵入寄主。此外，在土中营腐生生活的菌丝也可产生孢子囊，以游动孢

图50-1　油菜猝倒病症状（华中农业大学李国庆提供）

子侵染幼苗引起猝倒。田间的再侵染主要靠病苗上产出孢子囊及游动孢子，借灌溉水或雨水溅附到贴近地面的根茎上引致更严重的损失。

发病规律：土壤湿度大、气温28℃左右较易感染该病菌。当幼苗子叶养分基本用完，新根尚未扎实，真叶未抽出之前是感病期。遇有雨、雪连阴天或寒流侵袭，地温低，光合作用弱，幼苗呼吸作用增强，消耗加大，致幼茎细胞伸长，细胞壁变薄病菌乘机侵入。

因此，该病主要在幼苗长出 1 ～ 2 片叶时发生。

防治方法：①选用耐低温、抗寒性强的品种。②可用种子重量 0.2% 的 40% 拌种双粉剂拌种或土壤处理。必要时可喷洒 25% 瑞毒霉可湿性粉剂 800 倍液或 3.2% 恶甲水剂 300 倍液、72.2% 普力克水剂 400 倍液，每平方米喷施兑好的药液 2 ～ 3 升。③合理密植，及时排水、排渍，降低田间湿度，防止湿气滞留。

51. 油菜根腐病

表现症状：根腐病在油菜整个生育期都可发生危害，以苗期发病最严重。苗期发病，主根及土壤 5 ～ 7 厘米下侧根常有浅褐色病斑，后期病斑扩大，变深凹陷，继而发展为环绕主根的大斑块，有时还会向上扩展至茎部形成明暗相间的条斑。由于根系吸水吸肥能力差，叶片常发黄，失水过快时叶片萎蔫，严重时植株倒伏、枯死（图51-1）。成株期发病，根茎部膨大，主根根皮变褐色，侧根很少，根上有灰黑色凹陷斑，稍软，主根易拔断，断处上部常有少量次生须根，有时仅剩一小段干燥的主根（图51-2）。

发病原因：病原为丝核菌（*Rhizoctonia solani* Kühn）。以菌丝体和菌核在土壤和病残体中越冬或越夏，形成初侵染源。病菌可通过风雨、流水、人畜耕作传播。

发病规律：植株生长弱、田间湿度大有利于发病。

图51-1　田间幼苗感染根腐病黄化　　图51-2　萌发不久幼苗感染根腐病根枯
　　　　萎蔫

防治措施：①筛选出抗病性较好的品种进行种植。②农业防治。实行轮作，避免重作。油菜地尽量做到不连续两年重播，避开十字花科作物重茬；选择无病田育苗，减少根腐病初侵染途径。不宜过早播种；要及时翻耕晒垄，整畦挖沟，施用腐熟的农家肥。精细整地，清沟沥水。低洼易积水的田块应采用高畦深沟栽培；合理密植，适时间苗，去除病弱苗，增强苗床透光通风性，降低植株间湿度，培育壮苗。③药剂防治。用50%多菌灵可湿性粉剂拌入适量石灰制备成药土后，将药土均匀混入耕作层中，可有效降低立枯病的发生。田间发现零星病株，应及时用药喷雾或浇灌，控制病害的蔓延。发病初期喷70%敌克松WP1 000倍液，或用75%百菌清WP600 ～ 700倍液，或50%多菌灵WP800 ～ 1 000倍液。重病田隔7天喷1次，连续2 ～ 3次。其他常用药剂有甲基立枯磷、环唑醇等。施药后，撒草木灰或干细土。④生物防治。育苗时，施用哈茨木霉菌，对立枯病有较好的防治效果。此外，可用VA菌根（植物根系与真菌形成的共生体）和荧光假单胞菌处理种子和土壤。

52. 油菜霜霉病

表现症状：霜霉病可侵染油菜的子叶、叶、茎、花和幼嫩角果。感病后，叶片初现褪绿色小斑点，后形成多角形或不规则的黄褐色病斑（图52-1）。潮湿时，病斑背面长出大量的白色霜状物，进而变黄干枯。茎秆和分枝呈水渍状病斑，后形成不规则黑褐色斑，长出白色霜霉。花轴弯曲肿大成"龙头"（图52-2），花色深，不能结角。角果细小弯曲，种子色浅，籽粒小。

发病原因：霜霉病俗称"龙头""霜蔸"等，是由土壤、病株残体、种子传播的真菌性病害。病原为寄生霜霉菌 [*Peronospora parasitica* (Pers.) Fries.]。初侵染源来自在病残体、土壤和种子上越冬、越夏的卵孢子。病斑上产生的孢子囊随风雨及气流传播，形成再侵染。

发病规律：低温多雨、日照少利于病害发生。气温8 ～ 16℃、

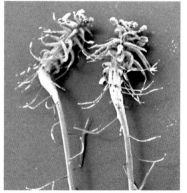

图52-1　油菜霜霉病叶片病斑　　　图52-2　"龙头"症状

注：图52-1至图52-2由华中农业大学姜道宏提供。

相对湿度大于90%、弱光利于该菌侵染。24℃有利病菌发育。春季油菜开花结荚期间，每当寒潮频繁、时冷时暖的天气发病严重。连作地、播种早、偏施过施氮肥或缺钾及密度大、低洼地、排水不良、种植白菜型或芥菜型油菜地块发病重。

防治措施：①选用抗（耐）病品种。②控制苗床上的霜霉病。用25%甲霜灵等药剂浸种或拌种，对种子进行消毒。选择远离十字花科作物的通风向阳干爽的田块育苗。③栽培控制。合理密植、合理施用氮磷钾肥、雨后及时排水、清洁油菜周围田块十字花科作物病残体，防止湿气滞留和淹苗。采取不同的耕作方式，与麦类作物轮作两年以上、水稻-油菜连作、水稻-油菜免耕轮作等方式。④药剂防治。在油菜抽薹期和初花期，阴雨绵绵易导致霜霉病流行，田间初花期植株感病率达20%左右时，需喷药防治。常用药剂：40%霜疫灵可湿性粉剂150～200倍液；75%百菌清可湿性粉剂500倍液；72.2%普力克水剂600～800倍液、64%杀毒矾M8可湿性粉剂500倍液；36%露克星悬浮剂600～700倍液；58%甲霜灵-锰锌可湿性粉剂500倍液；70%乙膦-锰锌可湿性粉剂500倍液；40%百菌清悬乳剂600倍液等。每亩用药水60～70升，隔7～10天1次，连续防治2次为宜。

53. 油菜白锈病

表现症状：油菜整个生育期都可感病，危害叶、茎枝、花和角果等地上部分。感病后，叶片正面出现淡绿色小斑点，后变黄，叶背或叶面出现隆起的白色小疱斑，严重时疱斑遍布全叶，导致叶片枯黄脱落（图53-1）。茎和花轴上的疱斑多呈长圆形或短条状，幼茎和花轴发生肿大弯曲，形成"龙头"状（图53-2）。花瓣畸形、膨大、变绿呈叶状，不结实也不脱落，并长出白色疱斑。角果也会长出白色疱斑。流行年份发病率10%～50%，产量损失5%～20%。

发病原因：白锈病又名"龙头病""龙头拐"，也是一种由病株残体、带病种子传播的真菌性病害。病原为白锈菌 [*Albugo candida* (Pers.) Kuntze]。病菌以卵孢子在病株残体上、土壤和种子中越夏、越冬。白锈病是一种低温病害，只要水分充足，就能不断发生，连续危害。秋播油菜苗期卵孢子萌发产生游动孢子，借雨水溅至叶上，又随雨水传播进行再侵染。

图53-1　叶部白色疱疹破裂后形　　图53-2　花梗受害形成"龙头"
　　　　似白色锈斑

注：图53-1至图53-2由华中农业大学姜道宏提供。

发病规律：连作或与蔬菜连作、油菜苗期和蕾花期雨水多、气温高、低洼渍水田块、施肥不当，倒伏田块易发病，特别是在低洼地发生最为普遍。

防治措施：①实行水旱轮作，深耕，把遗留在田里的病残组织翻入土内，减少菌源。②合理施肥，清沟沥水，透光通风，防止徒长，降低湿度，控制病害发生。③清除田边杂草，及早摘除发病枝叶和重病组织，收获后收集田间残株枯叶，带出田外集中处理。④药剂防治。在油菜苗期、蕾薹期、花期加强田间调查，及时施药防治。常用0.5%波尔多液、0.3波美度石硫合剂、75%百菌清可湿性粉剂1 000～1 200倍液、65%可湿性代森锌500～600倍液，在病害发生初期喷施，遇雨需补施。

54. 油菜黑斑病

表现症状：叶片染病先在叶片上形成1毫米大小的水渍状小斑点，初为暗绿色，后变为浅黑至黑褐色（图54-1），病斑中间色深发亮具光泽，有的病斑沿叶脉扩展，数个病斑常融合成不规则坏死大斑，严重的叶脉变褐，叶片变黄脱落或扭曲变形。茎和角果染病产生深褐色不规则条状斑，湿度大时角果密布黑色霉层；当病斑环绕侧枝或主茎一周时，导致侧枝或整株枯死（图54-2，图54-3，图54-4，图54-5）。

发病原因：不同油菜产区的致病病原不同。病原菌以菌丝和分生孢子在种子内外越冬或越夏。带菌种子造成种子腐烂和死苗。存活病苗在越冬后则产生大量孢子，随气流传播再侵染。

发病规律：油菜开花角果期遇有高温多雨天气，地势低洼连作地，偏施氮肥发病重。

防治措施：①选用抗病品种。②与非十字花科作物进行大面积轮作，收获后及时清除病残物，集中深埋或烧毁。③在种植过程中积极投入相应的酵素菌肥料，有效抑制和杀灭黑斑病菌。④进行种子处理。带菌种子可用种子重量0.4%的50%福美双可湿性粉剂拌种；或50℃温水浸种20～30分钟；或40%甲醛100

图54-1　叶片黑斑病病斑黑褐色、有同心轮纹、边缘有黄色晕圈

图54-2　茎秆黑斑病病斑圆形或梭形，初期褐色，后期中间白色，边缘深褐色

图54-3　角果黑斑病病斑圆形或椭圆形，黑色

图54-4　湿度大时角果密布黑色霉层

图54-5　感染黑斑病的油菜田

注：图54-1至54-5由华中农业大学姜道宏提供。

倍液浸种25分钟。⑤药剂防治。发现少量病株及时拔除，并于发病初期喷洒30%绿得保悬浮剂500倍液或72%农用硫酸链霉素可溶性粉剂3 500倍液、47%加瑞农可湿性粉剂900倍液、77%可杀得可湿性粉剂600倍液、14%络氨铜水剂350倍液、12%绿乳铜乳油600倍液、65%戴森锰锌可湿性粉剂500～600倍液、50%

多菌灵可湿性粉剂500倍液、75%百菌清可湿性粉剂600倍液。每亩喷兑好的药液40～50升。油菜对铜剂敏感，要严格掌握用药量，以避免产生药害。

55. 油菜根肿病

表现症状：油菜整个生育期均可感病，主要危害根部，病株主根或侧根肿大、畸形（图55-1，图55-2），后期颜色变褐，表面粗糙，腐朽发臭，根毛很少，植株萎蔫、黄叶，严重时全株死亡（图55-3）。

图55-1　感染根肿病的苗期植株　图55-2　感染根肿病的薹期植株

注：图55-2由为华中农业大学姜道宏提供。

发病原因：病原为芸薹根肿菌（*Plasmodiophora brassicae* Woronin）。休眠孢子在土壤、病残体越夏；干燥土壤中可存活8～10年。传播途径有三：①发病田块随流水扩散至下游田块。②休眠孢子黏附土壤，农事操作时，尘土飞扬传播或通过劳动工具传播。③油菜收获时，油菜籽黏附带菌泥土，随种子远距离传播。

发病规律：土壤pH为5.4～6.5时病害发生严重。发病适温19～25℃。土壤含水量为50%～100%均可发病，随湿度增加发病加剧。

土壤含水量低于45%易死亡。连作地发病重。

防治措施:

(1) 选用抗病品种　不同油菜品种对根肿病抗性不同（图55-4，图55-5），白菜型＜芥菜型＜甘蓝型。

(2) 推迟播期　适当推迟播期在一定程度上可降低根肿病的发生。

(3) 调酸防病　偏酸的土壤环境最适宜根肿病的滋生和侵染，施用碱性肥料和土壤调理剂，将偏酸土壤的pH调到7.2的微碱性，可

图55-3　感染根肿病的油菜田

减轻根肿病危害。具体方法：①1%生石灰水灌穴。分别在油菜播种时、3～4叶期和6～7叶期施用一次，每亩石灰用量10千克，田内pH可由5.4～5.8调整至7.2左右的微碱环境。②使用土壤调理剂。可有效调节土壤酸碱度、抑制病原菌生长。

图55-4　抗根肿病新品种在病区种植表现良好

图55-5　抗根肿病品种（左）与感病品种（右）对比

（4）药剂防治　根肿病在油菜全生育期皆可侵染危害，以苗期最为严重，加强苗期防治是防病保苗保产的关键。定苗后抽薹前可采用75%百菌清可湿性粉剂1 000 ～ 1 500倍液灌根，一般田块防治1次，重病田2次。

（5）壮苗移栽　有育苗移栽习惯的地区，可选用无病地作苗床，进行种子和苗床消毒处理，培育无病壮苗移栽。

（6）轮作换茬　对疫情发生田实行水旱轮作或与非十字花科作物轮作。

56. 油菜黑胫病

表现症状：油菜各生育期均可感病。病部主要是灰褐色枯斑，斑内散生许多黑色小点。子叶、幼茎上病斑形状不规则，稍凹陷，直径2 ～ 3毫米。幼茎病斑向下蔓延至茎基及根系，引起须根腐朽，根颈易折断（图56-1）。成株期叶上病斑圆形或不规则形，稍凹陷，中部灰白色（图56-2）。茎、根上病斑初呈灰白色长椭圆形，逐渐枯朽，上生黑色小点，植株易折断死亡（图56-3）。角果上病斑多从角尖开始，与茎上病斑相似。种子感病后变白皱缩，失去光泽。

发病原因：病原主要为双球小球胫菌（*Leptosphaeria biglobosa*）。

图56-1　油菜黑胫病田间表现

图56-2　油菜黑胫病叶片症状　　图56-3　油菜黑胫病茎部症状

注：图56-1与56-3由华中农业大学李国庆提供。

病菌以子囊壳和菌丝的形式在病残株中越夏和越冬。子囊壳在10～20℃、高湿条件下放出子囊孢子侵染油菜。潜伏在种皮内的菌丝可随种子萌发侵染子叶与幼茎。

发病规律：播种密度过大、土壤湿度过高易诱发此病害。特别是苗期灌水多、湿度大、光照不足等条件下病害严重。

防治措施：①种植抗病品种。②油菜收获后，深耕灭茬或将病残株集中销毁，以减少初侵染源。③与非十字花科作物轮作，轮作三年将明显减少黑胫病的发病。④种子检疫和杀菌剂处理种子，可以消除和减少种子所带病原菌。⑤药剂防治。用50%福美双200克拌土100千克，或用50%多菌灵或70%硫菌灵8～10克／米^2，或用50%敌克松8克／米^2，加20倍细土混匀撒施进行苗床消毒。

57. 油菜病毒病

　　表现症状：不同类型油菜感病症状不同。甘蓝型油菜感病，叶片上会出现黄斑（图57-1）、枯斑（图57-2）或花叶（图57-4，图57-5）。茎秆上产生长短不等的黑褐色条斑，病斑后期会纵裂（图57-3）。病轻植株常矮化、畸形，严重病株半边或全株枯死（图57-3）。白菜型和芥菜型油菜典型症状是苗期产生明脉和花叶，叶片皱缩，株型矮化。

图57-1　油菜甘蓝型黄斑型病毒病症状

　　发病原因：病毒病俗称"花叶病""萎缩病""毒素病"等，是由蚜虫传毒引发的病毒性病害。病毒种类多，主要有芜菁花叶病毒（TuMV），其次为黄瓜花叶病毒、油菜花叶病毒等。

　　发病规律：主要由有翅蚜迁飞传染至油菜。特别是桃蚜、萝卜蚜、甘蓝蚜发生严重危害时，病害易流行。干旱天气有利于传毒蚜虫的繁殖与活动，尤其是有利于有翅蚜迁飞和繁殖，发病重。播种越早，带毒蚜虫迁往油菜苗的时间也令提早，传毒频率高，发病重。

　　防治措施：①选用抗病品种。②适期播种。通过调节播期避开蚜虫迁飞高峰期，降低蚜虫吸毒传毒的机会，减轻病害发生。在不影响油菜产量的情况下，适当延迟播期，具有明显减轻苗期病害发生的作用。③加强栽培管理。油菜苗床选择应当远离毒源寄主较多的蔬菜地，苗床干燥时及时灌溉，控制蚜虫危害。加强苗期管理，培育壮苗，增强抗性。苗肥施足、施早，避免偏施、迟施氮肥；结合中耕除草，间苗定苗时拔除弱苗、病苗。④有效消灭蚜虫介体或减少毒源是防治油菜病毒病的关键措施。通常油菜出苗后，从子叶期开始喷施治蚜，间隔5～7天喷药一次。

图57-2　油菜甘蓝型枯斑型病　图57-3　条斑愈合，枝条枯死
　　　　毒病症状

图57-4　油菜甘蓝型病毒病初　图57-5　油菜甘蓝型病毒病
　　　　期症状　　　　　　　　　　　　后期花叶症状

注：图57-1至图57-5由华中农业大学姜道宏提供。

58. 油菜蚜虫危害

危害症状：蚜虫一般密集在叶背、菜心、茎枝和花轴上，刺吸组织汁液（图58-1，图58-2，图58-3，图58-4）。被害后，叶片形成褪色斑点，继而卷缩变形、生长迟缓直至枯死；嫩茎和花轴生长停滞、畸形，角果不能正常发育，严重可致植株枯死。

　　虫体形态：蚜虫又称蜜虫、腻虫、油虫等，是油菜最主要的害虫之一。蚜虫主要有萝卜蚜（又叫菜缢管蚜）、桃蚜（又叫烟蚜、桃赤蚜）和甘蓝蚜（又叫菜蚜）等3种。3种蚜虫在危害油菜期间又分为有翅和无翅两型（图58-1，图58-2）。

图58-1　有翅蚜

图58-2　蕾期无翅甘蓝蚜危害

图58-3　花期无翅甘蓝蚜危害

图58-4　角果期蚜虫危害

注：图58-1至图58-4由安徽农科院侯树敏提供。

①萝卜蚜。成蚜体长1.6～1.9毫米，被有稀少白色蜡粉。头部有额瘤但不明显，触角较短，约为体长2／3。腹管短，稍长于尾毛，管端部缢缩成瓶颈状。有翅成蚜头胸部黑色，腹部绿至黄绿色，腹侧和尾部有黑斑。无翅成蚜全体绿或黄绿色，各节背面有浓绿斑。②桃蚜。成蚜体长1.8～2.0毫米，体无色蜡白粉。头部有明显内倾额瘤，触角长，与体长相同。腹管细长，中后部稍膨大，比尾片长1倍以上。有翅成蚜头胸部黑色，腹部黄绿、赤褐色，腹背中后部有一大黑斑。无翅成蚜全体同色，黄绿或赤褐或橘黄色。③甘蓝蚜。成蚜体长2.2～2.5毫米，体厚，被有白色蜡粉。头部额瘤不明显，触角短，约为体长1／2。腹管很短，不及触角第5节和尾片长度，尾片短圆锥形。有翅成蚜头胸部黑色，腹部黄绿色，腹背有暗绿色横带数条。无翅成蚜全体暗绿色，腹部各节背面有断续黑横带。

害虫习性：蚜虫一年发生10～40代，世代重叠不易区分。油菜出苗后，有翅成蚜迁飞进入油菜田，胎生无翅蚜建立蚜群危害。萝卜蚜和甘蓝蚜主要在嫩叶、菜心和花序幼嫩部分危害。前者偏好有毛寄主和部位，后者相反。桃蚜常在老叶背面危害。冬油菜区一般有苗期、开花结果期两次危害期，以幼苗期为危害盛期。油菜播栽越早，从其他十字花科作物飞来的蚜虫越多，受害就越重。蚜虫具有群集性，油菜栽种密度过大最适繁殖生长。萝卜蚜由于适温范围比桃蚜广，秋后油菜上以萝卜蚜居多，但春季又以桃蚜居多。秋季和春季天气干旱，往往能引起蚜虫大量发生；反之，阴湿天气多，蚜虫的繁殖则受到抑制，发生危害则较轻。

防治措施：①油菜苗床远离白菜圃和桃园以及杂草多的地方。②播栽季节要根据当地自然气候和所种品种合理安排，尽可能地将油菜的生长弱期和易感病期与蚜虫发生危害盛期控制在不同时期。③移栽油菜在栽前2天在早晨露水干后喷药一次，以防蚜虫随苗带入大田。④越冬期普治蚜虫。在油菜开盘前后、主枝孕蕾初期、开花结荚期，每亩用50%抗蚜威2 000～4 000倍液喷雾，同时保护蜜蜂及蚜虫天敌。

59. 油菜菜蛾危害

危害症状：幼虫啃食叶片以及茎枝、花器、角果的表层（图59-1，图59-2）。初龄幼虫可钻入叶片组织，稍大后啃食一面叶表皮和叶肉，留下另一面叶表皮，形成透明斑，如同小"天窗"。当虫量大时，可将叶片吃成网状（图59-3）。

虫体形态：成虫体长6～7毫米，灰黑褐色。前翅后缘有淡黄或灰黄色3度曲折的纵带，停息时两翅合拢成屋脊状，黄色纵带组成三个相连的斜方块；后翅色浅，翅缘有长毛。老熟幼虫体长10～

12毫米，淡绿色，纺锤形，生黑色刚毛；头部多枚小黑点组成两个U形纹，臀足向后伸长超过腹末。蛹长5～8毫米，淡黄色，外有丝茧。

害虫习性：别名小菜蛾、方块蛾、小青虫、两头尖。发育适温为20～30℃，长江流域和华南各省以3～6月和8～11月为

图59-1　菜　蛾

图59-2　菜蛾危害茎枝

图59-3　菜蛾危害严重

注：图59-1至图59-3由安徽农科院侯树敏提供。

两次高峰期，秋季重于春季。

防治措施：①及时清除田间杂、枯叶，中耕松土，可消灭大量虫源，对小菜蛾的防治十分重要。②间作、轮作、种植引诱植物，降低小菜蛾对油菜的危害程度。③保护油菜田中异色瓢虫、七星瓢虫、菜蛾啮小蜂、菜蛾绒茧蜂等菜蛾的天敌种群，发挥天敌控制作用。④用生物杀虫剂如菜喜胶悬剂1 000～1 500倍液、天力可湿性粉剂1 500倍液，Bt乳剂350倍液可杀死大量小菜蛾幼虫。⑤正确选用农药，配制不同浓度，细致足量喷施。如4.5%氯氰菊酯乳油1 000～1 500倍液、2.5%功夫2 000倍液、35%克蛾宝2 000倍液、0.9%爱福丁2号2 000倍液喷雾防治，灾害严重时，适量加大浓度。⑥群防集中防治。集中全体种植统一时间逐片地块进行喷药，在3～5天全部喷药一遍，这样既能杀死幼虫，又能避免成虫产卵。打一次药能维持15天左右，严重年份喷施3～4次能有效控制危害程度。

60. 油菜潜叶蝇危害

危害症状：以幼虫钻入叶内取食叶肉，将叶片蛀成弯弯曲曲的潜道，叶面呈现白色线状条痕（图60-1）。常导致叶片早落，影响结角，降低产量（图60-2）。

虫体形态：成虫体长1.8～2.7毫米，雌虫大于雄虫，体暗灰色，疏生黑色刚毛。复眼红褐色，中胸有4对粗大的背鬃，足黑色。翅紫色半透明，前翅亚前缘脉与第一胫脉彼此平行，第一胫脉顶端不加粗（图60-3）。卵长椭圆形，长约0.3毫米，灰白色。幼虫蛆状，由乳白色渐为鲜黄色，老熟时体长2.3～3.5毫米，腹末斜行平截状（图60-4）。蛹长卵圆形略扁，长2.1～2.6毫米，由乳白色转为灰褐色（图60-5）。

发生规律：油菜潜叶蝇也叫豌豆潜叶蝇。一年世代由北向南渐增，西北3～4代，华南15～18代，以蛹在寄主组织中越冬。耐寒但不耐高温，多在春秋两季危害，以春季受害较重。夏季气温高于35℃即死亡或越夏。

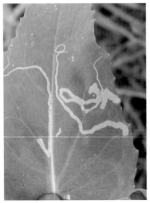

图60-1　潜叶蝇危害叶片　　图60-2　潜叶蝇危害植株

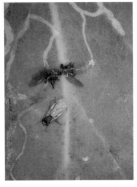

图60-3　潜叶蝇成虫　　图60-4　潜叶蝇蛆　　图60-5　潜叶蝇蛹

注：图60-1至图60-3由安徽农科院侯树敏提供，图60-4和图60-5由华中农业大学张国安提供。

防治措施：①农业防治。选用抗虫品种，避免过早播种，适期晚播，适量施用氮肥，重施磷、钾肥等可减轻危害，合理轮作。清洁田园，收获后集中销毁被害叶片；注意减少保护地潜叶蝇成虫的外迁，对于不能露地越冬的潜叶蝇，保护地防治尤其重要。②物理防治。用柠檬黄粘板诱捕潜叶蝇。③药剂防治。在成虫盛发期，及时喷药防治，防止成虫产卵。成虫主要在叶背面产卵，应喷药于叶背面。或在刚出现危害时喷药防治幼虫，防治幼虫要连续喷2～3

次，农药可用40%乐果乳油1 000倍液、50%敌敌畏乳油800倍液、50%二溴磷乳油1 500倍液、40%二嗪农乳油1 000～1 500倍液。

61. 油菜菜粉蝶（菜青虫）危害

危害症状：1～2龄期在叶背啃食叶肉，残留表皮，呈小型凹斑；3龄以后吃叶呈孔洞或缺刻；4～5龄幼虫进入暴食期，危害最重，占幼虫总食叶面积的85%～90%，严重时只残留叶脉和叶柄，排出大量粪便污染菜叶和心叶（图61-1）。

虫体形态：成虫体长12～22毫米，翅粉白色，前翅基灰黑，顶角为三角形黑斑，翅中后方有两个黑斑，后翅前缘亦有一黑斑。老幼虫长28～35毫米，青绿色，背线黄色但不明显，体背密布小黑疣，上生细毛（图61-2）。卵长1毫米，柠檬形、黄色。蛹长18～21毫米，灰黄、褐色、头端突起，胸部亦有尖突。

发生规律：菜粉蝶俗称菜白蝶、白粉蝶。一年发生3～9代，以蛹在老叶、枯枝、墙壁等处越冬，成虫春季羽化，产卵于叶上。温度15～30℃，天气干燥，湿度76%左右危害重。

防治措施：①及时清除油菜四周及田间杂草，消除越冬蛹，降低越冬虫蛹基数。②油菜种植田周围不要种植甘蓝、白菜等十字花科植物，减少虫害交叉发生。③喷施过磷酸钙避卵。用1%～3%

图61-1　菜青虫危害油菜叶片

图61-2　菜青虫

注：图61-1至图61-2由安徽农科院侯树敏提供。

过磷酸钙液在成虫产卵始盛期喷洒于油菜叶片上，每亩喷施药量为60～75千克，可使植株上着卵量减少50%～70%。④保护天敌寄生蜂，如蝶蛹金小蜂、菜粉蝶绒茧蜂、广赤眼蜂、胡蜂等。⑤应用生物杀虫剂。用100亿活芽孢／克的苏云金杆菌可湿性粉剂1 000倍液，或100亿活芽孢／克的青虫菌6号液剂800倍液，或用100亿活芽孢／克的杀螟杆菌可湿性粉剂1 000倍液，再加入0.1%洗衣粉喷雾，防治效果可达80%。以上任一种药剂，避开强光照、低温、暴雨等不良天气，在害虫初现期开始喷雾，7～10天喷一次，可连续喷2～3次。以上生物农药不能与化学杀菌剂混用，不能用于离桑园较近的油菜地。⑥化学药剂防治。26%高效顺反氯·敌乳油，每亩用30～40毫升（有效成分7.8～10.4克）兑水50～60千克喷雾，防效达90%以上；或50%杀螟松乳油1 000～1 500倍液，或2.5%高效氯氟氰菊酯微乳剂，每亩有效成分用量0.75克，防效达90%以上；或5%锐劲特悬浮剂1 500倍液喷雾；或50%辛·氰乳油每亩用量10～20毫升兑水40～50千克，均匀喷雾；或50%辛·溴乳油每亩用量20～50毫升兑水40～50千克，均匀喷雾；或2.5%功夫乳剂等菊酯类制剂2 000～3 000倍液、2.5%敌杀死乳剂700倍液、0.12%天力E号（灭虫丁）可湿性粉剂1 000倍液喷雾。尽量在幼虫低龄期施用。

62. 油菜菜蝽危害

危害症状：菜蝽以成虫、若虫刺吸植物汁液，尤喜刺吸嫩芽、嫩茎、嫩叶、花蕾和幼嫩角果。唾液对植物组织有破坏作用，影响生长，被刺处留下黄白色至微黑色斑点（图62-1）。幼苗子叶受害则萎蔫甚至枯死；花期受害则不能结角或籽粒不饱满。此外，还可传播软腐病。

虫体形态：菜蝽别名河北菜蝽、云南菜蝽、斑菜蝽、花菜蝽、姬菜蝽、萝卜赤条蝽等。成虫体长6.5～9毫米，雌虫大于雄虫。头部黑色，边缘橙红色；前胸背板橙红色，有6个黑斑，2个在前，4个在后，小盾板黑色，有一橙红色Y形纹；半翅鞘黑色，有三角形和

图62-1　油菜菜蝽危害症状（中国农科院油料研究所刘胜毅提供）

"人"字形横向红斑各一个；腹部侧缘红黑相间，腹下中区有黑横带5条。末龄若虫头黑色，体灰褐色；前胸背板有2个葫芦形暗斑；小盾板有2个淡色斑，翅芽黑色，腹背有黑色条斑和点斑。

　　发生规律：北方一年发生2～3代，南方一年发生5～6代。以成虫在杂草丛中、枯叶下、土石缝中越冬。秋季油菜苗期，及春夏季开花结果期为主要危害期。

　　防治措施：①农业防治。及时冬耕和清理菜地，以消灭部分越冬成虫；在田间发现卵块应及时摘除。②药剂防治。用灭杀毙乳油4 000倍液、2.5%保得乳油3 000倍液、50%辛氰乳油3 000倍液、20%增效氯氰乳油3 000倍液、功夫菊酯乳油3 000倍液喷雾防治；或每亩用10%高效氯氰菊酯乳油10～15毫升兑水40～50升喷雾防治。

63. 油菜黄曲条跳甲危害

　　危害症状：以成虫群集啃食叶片，将叶片吃成孔洞直至全部吃完（图63-1）。幼虫在土内啃食根部皮层，也可咬断侧根，致使地上部发黄、萎蔫死亡。此外还可传播软腐病。

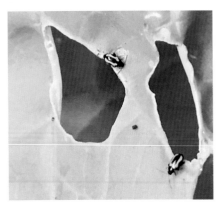

图63-1 黄曲条跳甲危害油菜叶片（安徽
农科院侯树敏提供）

虫体形态：成虫体长1.8～2.4毫米，黑色有光泽，触角11节。前胸背板及鞘翅上有许多点刻，排列成纵行。鞘翅中部有一黄条，其外侧中部凹曲很深，内侧中部直形仅前后两端向内弯曲，鞘翅刻点排列成纵行。头和胸部密生刻点，后足股节膨大。卵椭圆形，长约0.3毫米，淡黄色。幼虫有3龄，老时长约4毫米，淡黄白色，头、前胸背板及臀板淡褐色，胴部疏生黑色短刚毛。

发生规律：一年发生2～8代，世代重叠。在华南无越冬现象，长江流域及以北地区以成虫在寄主的叶下、落叶、杂草丛中越冬。春季气温达10℃以上开始活动危害。

防治措施：①清除油菜地周围的残枝落叶和杂草，减少其越冬场所。②播种前深耕晒土，消灭部分蛹。③喷洒农药。根据成虫的不同阶段，按照比例配置农药药液，及时喷洒。可选用5%抑太保乳油4 000倍液，或5%卡死克乳油4 000倍液、5%农梦特乳油4 000倍液、40%菊杀乳油2 000～3 000倍液、40%菊马乳油2 000～3 000倍液、20%氰戊菊酯2 000～4 000倍液、茴蒿素杀虫剂500倍液，也可用敌百虫或辛硫磷液灌根以防治幼虫。④生物防治。使用昆虫病原线虫侵染跳甲幼虫进行防治。

64. 油菜茎象甲危害

危害症状：幼虫在茎内蛀食，植株易倒伏折断，或变黄早枯；成虫取食叶片和茎表皮，在油菜茎部齿孔产卵，刺激茎部膨大成畸形、崩裂，易折断(图64-1)。

虫体形态：成虫体长3～3.5毫米，灰黑色，密生黄白色鳞片和小毛。头管长于前胸背板，伸向前足中部，口器在管端；触角生于头管前中部，曲肱状；前胸背板密生粗大刻点，前缘向上翻起；鞘翅上小刻点排列成沟，沟间有3列密而整齐的绒毛。幼虫由乳白色转为淡黄白色，老熟时长6～7毫米，弯曲纺锤形，有皱纹、无足、头黄褐色，背中央有1条不明显的淡灰色纵线。

图64-1　茎象甲幼虫（安徽农科院侯树敏提供）

发生规律：成虫大多在地面5～15厘米耕层越冬，早春出土活动，在油菜嫩茎上咬孔产卵，春季油菜抽薹期至结果期危害重。

防治措施：

（1）土壤处理　油菜播前选用40％甲基异柳磷、50％辛硫磷250～300毫升，每亩拌毒土40～50千克，结合深耕耙地施入，既能有效地毒杀茎象甲成虫，也能兼治其他地下害虫。

（2）综合防治　轮作倒茬克服连作；改造栽培措施，培育壮苗越冬，增强植株抗性；灌好抽薹水，改变茎象甲越冬越夏生存条件，铲除杂草，消除枯枝落叶。

（3）化学防治　①喷粉。春季成虫已开始活动而尚未产卵时油菜茎象甲的防治效果最佳。可选用乐果、敌百虫、辛硫磷等粉剂，每亩喷粉2千克。②喷雾。每亩用内吸剂久效灵20毫升加2.5％敌杀死10毫升兑水40千克喷雾防治。

65. 油菜露尾甲危害

危害症状：幼虫潜叶取食叶肉，形成不规则块状"亮泡"害状。成虫以口器刺破叶片背面或嫩茎的表皮，形成长约2毫米的"月牙形"伤口。虫量大时，叶片上虫伤多，水分蒸发加快，叶片易干枯脱落。受害较重的地块，20％以上的叶面受害，叶片千疮百孔，整个田间状如"火烧"(图65-1)。成虫危害花蕾时,可取食幼蕾、咬断大蕾蕾梗,在角果期形成明显的仅有果梗而无角果的"秃梗"症状,直接影响产量。

虫体形态:油菜露尾甲分为油菜叶露尾甲和油菜花露尾甲(图65-2,图65-3,图65-4)。幼虫、成虫均会危害油菜。成虫危害重于幼虫。成虫体长约3毫米,扁平椭圆形,黑色有蓝绿金属光泽。触角褐色、锤形、可放入头下侧沟中。体两侧近平行,鞘翅末端较平,腹末外露在鞘翅末端外,足红褐色。成熟幼虫体长4～5毫米,头黑色,体白色,前胸背有2褐斑,其余各节背面有数个横向排列的小疣,疣上有毛1根。

发生规律:以成虫在残株落叶下或土中越冬,春季开花时迁入油菜田,成虫喜在未开放的花蕾中产卵,幼虫在土中作茧化蛹。

图65-1　油菜叶露尾甲田间危害状

图65-2　油菜叶露尾甲幼虫

图65-3　油菜叶露尾甲成虫

图65-4　油菜花露尾甲

注:图65-1至图65-4由安徽农科院侯树敏提供。

防治措施：①农业措施。轮作倒茬克服连作；改造栽培措施，培育壮苗，增强植株抗性；灌好抽薹水，改变露尾甲越冬越夏生存条件，铲除垄上及田间杂草，消除枯枝落叶；精耕细作。进行秋翻和播前深耕深翻，中耕除草，可有效降低虫口基数。②种子与土壤处理。露尾甲成虫大多在地面5～15厘米耕层越冬越夏，油菜播前选用50%辛硫磷乳油250～300毫升／亩拌毒土40～50千克／亩，或用70%锐胜种衣剂按种子重量的0.5%拌种包衣。结合深耕糖耙施入，既能有效地毒杀露尾甲成虫，也能兼治其他地下害虫。③药物防治。以喷药杀灭成虫为主，把成虫消灭在产卵之前。每亩用内吸剂久效灵乳油20毫升+2.5%敌杀死乳油10毫升兑水600千克喷雾；或4.5%高效氯氰菊酯乳油30毫升兑水225千克喷雾；或11%蚜粉克星乳油30～50毫升兑水225千克喷雾。喷药时应从田边往田内围喷，以防成虫逃逸，且两种药交替使用，间隔7～10天，防治1～2次。

图书在版编目（CIP）数据

图说油菜生长异常及诊治／胡立勇等著 . —北京：
中国农业出版社，2019.1（2023.3重印）
（专家田间会诊丛书）
ISBN 978-7-109-24965-3

Ⅰ．①图… Ⅱ． ①胡… Ⅲ．①油菜－发育异常－防
治－图解 Ⅳ．① S435.654-64

中国版本图书馆 CIP 数据核字（2018）第 275862 号

中国农业出版社出版
（北京市朝阳区麦子店街18号楼）
（邮政编码 100125）
责任编辑 郭银巧
文字编辑 李 莉
───────────
中农印务有限公司印刷 新华书店北京发行所发行
2019年1月第1版 2023年3月北京第2次印刷
───────────
开本：880毫米×1230毫米 1／32 印张：3.25
字数：80千字
定价：28.80元
（凡本版图书出现印刷、装订错误，请向出版社发行部调换）